高等院校精品课程系列教材

信号与系统实验教程

（MATLAB 版）

程耕国　陈华丽　编著

机 械 工 业 出 版 社

本书是“信号与系统”课程理论教材的延伸，着重培养学生综合运用信号与系统的理论和技术以解决实际问题的能力。本书按照“MATLAB的基本知识、信号分析与处理、系统分析与设计、综合应用”4个层次展开，共有15个实验。每个实验包括实验目的、实验原理及方法、实验内容及步骤、思考题和实验报告要求等内容。

本书可作为通信工程、电子信息工程、计算机科学与技术等专业在校本科生学习“信号与系统”课程的实验教材，也可作为研究生学习“信号与系统”等相关课程的辅助教材。

图书在版编目（CIP）数据

信号与系统实验教程：MATLAB版/程耕国，陈华丽编著.
—北京：机械工业出版社，2010.1（2020.3重印）
（高等院校精品课程系列教材）
ISBN 978-7-111-29604-1

Ⅰ.信… Ⅱ.①程…②陈… Ⅲ.信号系统-实验-高等学校-教材 Ⅳ.TN911.6-33

中国版本图书馆CIP数据核字（2010）第012641号

机械工业出版社（北京市百万庄大街22号 邮政编码100037）
策划编辑：时 静 责任编辑：郝建伟 版式设计：张世琴
责任校对：姚培新 责任印制：常天培
北京九州迅驰传媒文化有限公司印刷
2020年3月第1版 · 第4次印刷
184mm×260mm · 11.25印张 · 275千字
6201—6700册
标准书号：ISBN 978-7-111-29604-1
定价：29.80元

凡购本书，如有缺页、倒页、脱页，由本社发行部调换

电话服务	网络服务
服务咨询热线：010-88379833	机 工 官 网：www.cmpbook.com
读者购书热线：010-88379649	机 工 官 博：weibo.com/cmp1952
	教育服务网：www.cmpedu.com
封面无防伪标均为盗版	金 书 网：www.golden-book.com

前　言

"信号与系统"是电子与通信类专业的主要技术基础课之一，该课程的任务是研究信号与系统理论的基本概念和基本分析方法，使学生初步认识如何建立信号与系统的数学模型，如何用适当的数学分析方法求解，并对所得的结果给予物理解释，赋予物理意义。由于本学科内容的迅速更新与发展，它所涉及的概念和方法十分广泛，而且还在不断扩充。通过本课程的学习，可以激发起学生对信号与系统学科的学习兴趣和热情，逐步适应这一领域日新月异发展的需要。

近 20 年来，随着 MATLAB 的推出和日益完善，在欧美大学里，诸如"应用代数"、"数理统计"、"自动控制"、"信号与系统"、"数字信号处理"、"模拟与数字通信"、"时间序列分析"、"动态系统仿真"等课程的教科书中都引入了 MATLAB，这几乎成了 20 世纪 90 年代的教科书与传统教材的区别性标志。MATLAB 强大的计算和绘图功能，使信号与系统中许多复杂的运算变得简单。把学生从繁杂的计算中解脱出来，可以使他们把重点放在对结果的解析上，进一步搞清数学公式与物理概念的内在联系，从而加深了对信号与系统的理解。

本书是程耕国主编的《信号与系统》一书的姐妹篇，书中所有的实验都是按照《信号与系统》教材的顺序组织的，都是基于 MATLAB 编写的，相当于把教材中的所有理论都用 MATLAB 进行了实现。全书分四部分，第一部分介绍 MATLAB 的基本知识；第二部分是信号分析与处理的实验，包括连续信号的时域描述与运算、离散信号的时域描述与运算、连续信号的频域分析、离散信号的频域分析四个实验；第三部分是系统分析与设计的实验，包括连续线性时不变系统分析、离散线性时不变系统分析、IIR 数字滤波器的设计、FIR 数字滤波器的设计四个实验；第四部分是综合应用，该部分可以作为学期末的课程设计，包括信号的自然采样与恢复、语音信号的采样和频谱分析、超外差接收机的设计、FDMA 通信系统的设计、信号混响效果的设计、语音加密器的设计、自适应数字陷波器的设计七个实验。

全书的实验按照先基础性、验证性实验，再设计性实验，最后综合性实验的顺序安排，注重设计性、综合性实验，对提高学生的综合能力和培养学生的科学探索精神有着十分重要的意义。

本书由程耕国统稿，程耕国、陈华丽编写。本书的编写得到了武汉科技大学电子信息工程学院同仁们的大力支持和帮助，在此表示感谢。实验教学是一项综合性的集体活动，因此，编者期望在今后的教学实践中，能得到使用本书的师生们的宝贵意见和指导，使"信号与系统"实验教学的改革不断深入，使本书日臻完善。

由于编者水平有限，书中难免有错误与不妥之处，恳请读者批评指正。

本书配有精品课程网站，网址为 http：//jwc. wust. edu. cn/ec/C3/Course/Tndex. htm。

编　者

目　录

第一部分　MATLAB 的基本知识

MATLAB 俗称“矩阵实验室”，是 Matrix Laboratory 的缩写，1984 年由美国 MathWorks 公司研制开发，是以矩阵计算为基础的交互式的功能强大的科学及工程计算软件。MATLAB 的首创者是在数值线性代数领域颇有影响的 Cleve Moler 博士，他也是生产经营 MATLAB 产品的 MathWorks 公司的创始人之一。MATLAB 将高性能的数值计算和可视化集成在一块，并提供了大量的内置函数，从而使其广泛应用于数学计算和分析、自动控制、系统仿真、数字信号处理、图形图像分析、数理统计、人工智能、虚拟现实技术、通信工程、金融系统等领域。

MATLAB 给用户带来的是最直观、最简洁的程序开发环境。其主要特点如下：

1）语言简洁紧凑，使用方便灵活，库函数极其丰富。

2）运算符丰富。

3）既具有结构化的控制语句（如 for 循环、while 循环、break 语句和 if 语句），又有面向对象编程的特性。

4）程序限制不严格，程序设计自由度大。

5）图形功能强大。

6）MATLAB 缺点是：它和其他高级程序相比，程序的执行速度较慢。这是由于 MATLAB 的程序不用编译等预处理，也不生成可执行文件，程序为解释执行，所以速度较慢。

7）功能强大的工具箱是 MATLAB 的另一特色。MATLAB 包含两个部分：核心部分和各种可选的工具箱。核心部分中有数百个核心内部函数。其工具箱又分为两类：功能性工具箱和学科性工具箱。功能性工具箱主要用来扩充其符号计算功能、图示建模仿真功能、文字处理功能以及与硬件实时交互功能，可用于多种学科；学科性工具箱是专业性比较强的，如 control toolbox、signal processing toolbox、communication toolbox 等，这些工具箱都是由该领域内学术水平很高的专家编写的，所以用户无需编写自己学科范围内的基础程序，就能直接进行高、精、尖的研究。

1. MATLAB 启动界面

启动 MATLAB 后，进入 MATLAB 的默认界面，如图 1-1 所示。第 1 行为菜单栏，第 2 行为工具栏，下面是 3 个最常用的窗口：右边最大的是命令窗口（Command Window），左上方前台为工作空间窗口（Workspace），后台为当前目录窗口（Current Directory），左下方为命令历史窗口（Command History）。左下角还有一个开始（Start）按钮，用于快速启动各类交互界面、桌面工具和帮助等。

（1）命令窗口（Command Window）

命令窗口是进行 MATLAB 操作最主要的窗口，用于输入运算命令和数据、运行 MATLAB 函数和脚本并显示结果。调出命令窗口：Desktop 菜单→Command Window。下面列举常见的命令：

- “ >> ”为输入函数的提示符（Prompt），在提示符后面输入数据或运行函数；

- “%”其后面是用于解释的文字，不参与运算；
- 在语句末尾添加分号“;”，可以防止输出结果显示到屏幕上，在创建大矩阵时非常有用；
- ans 为 answer 的缩写，它是 MATLAB 默认的系统变量；
- clear 为清除工作空间中的变量命令；
- clc 为清屏命令。

命令窗口中显示数值计算的结果有一定的格式，默认为短格式（Format Short），即保留小数点后 4 位有效数字，对于大于 1000 的数值，使用科学计数法表示。

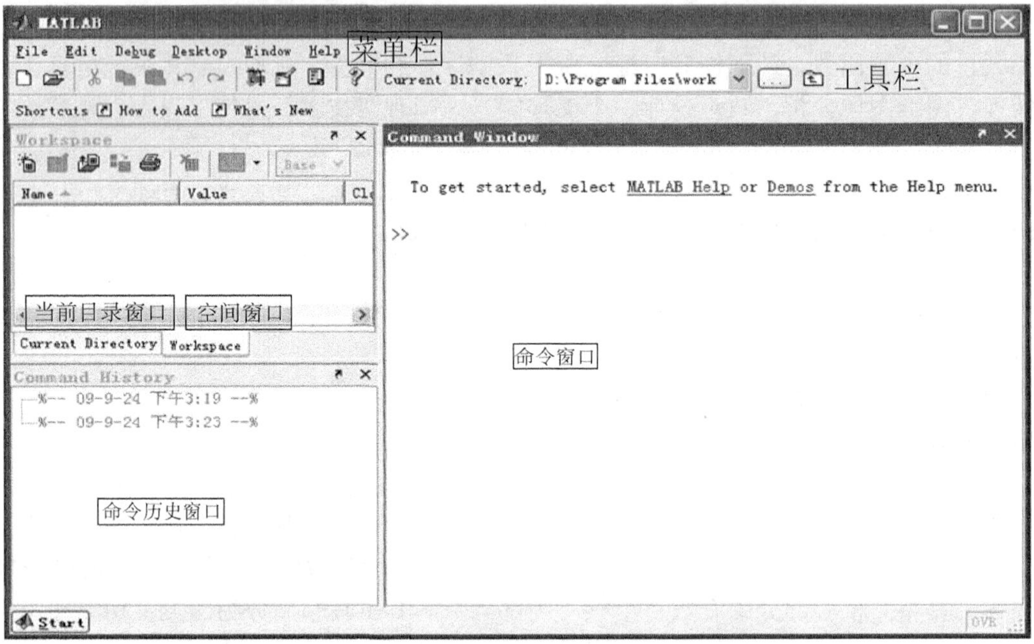

图 1-1　MATLAB7.1 的默认界面

例 1-1　在命令窗口中，输入 1.2 显示为 1.2000，输入 1200.2 显示为 1.2002e+003，输入 $x=1.2$；$y=1200.2$；$x+y$ 按 <Enter> 键，显示为 ans =1.2014e+003，如图 1-2 所示。

注：在命令窗口中如果不执行命令且换行，要同时按下 <Shift+Enter> 键。

（2）命令历史窗口（Command History）

用于显示记录 MATLAB 启动时间和命令窗口中最近输入的所有 MATLAB 命令，可再次执行。

调出命令历史窗口：Desktop 菜单→Command History 或命令窗口中输入 commandhistory 命令。

（3）工作空间窗口（workspace）

工作空间窗口由一系列变量组成，可通过使用函数、运行 M 文件或载入已存在的工作空间来添加变量。用工作空间窗口可以显示每个变量的名称（Name）、值（Value）、数组大小（Size）、字节大小（Bytes）和类型（Class）。调出工作空间窗口：Desktop 菜单→Workspace。下面列举常见的命令：

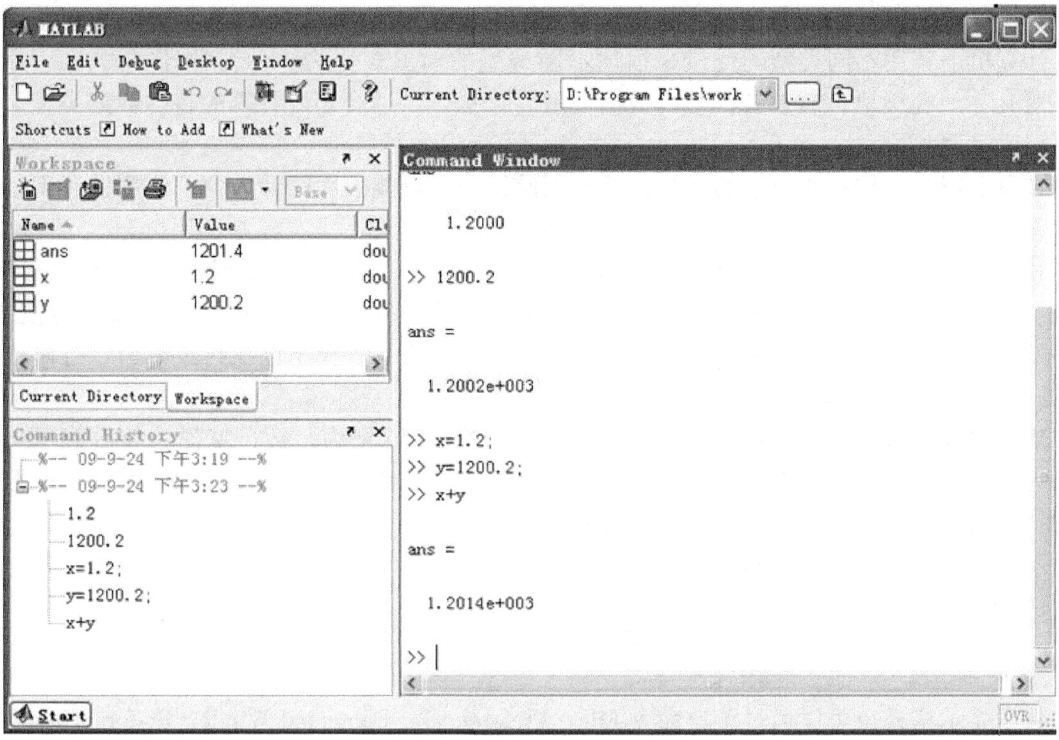

图 1-2　命令窗口中数据的输入和显示

- who　列出当前工作空间中的所有变量；
- whos　列出变量和它们的大小、类型；
- save　将工作空间中的部分或全部变量保存到一个二进制文件（. mat）；
- load　将二进制文件（. mat）中的变量装入工作空间。

（4）当前目录窗口（Current Directory）

当前目录窗口用于搜索、查看、打开、查找和改变 MATLAB 路径和文件。调出当前目录窗口：Desktop 菜单→Current Directory 或 filebrowser 命令。

（5）菜单栏和工具栏

菜单栏和工具栏类似于 Word 等其他常用软件，表 1-1 列出部分常用菜单栏和工具栏。

表 1-1　部分常用菜单栏/工具栏和使用说明

菜单栏\工具栏	使 用 说 明
File：New：M-file	用于新建 M 文件
File：Import Data	导入数据 Mat 文件
File：Save Workspace as	将工作空间所有变量和数据保存为数据 Mat 文件
File：Set Path	设置 MATLAB 文件搜索路路径
File：Preferences	设置 MATLAB 选项，如数据显示格式、字体等
Desktop：Desktop Layout	窗口布局选项，一般都使用默认（Default）
Desktop：Dock\Undock	在组合窗口\分离窗口之间切换
Desktop：Current Directory	设置当前工作目录
Help：Demos	MATLAB 功能演示

2. 数据类型

计算机语言用不同类型的变量来描述不同类型的对象。作为一种科学计算语言，MATLAB 既有一般高级语言所具备的基本数据类型，又提供了适合矩阵计算的特殊数据类型。

（1）表达式

在命令窗口中作一些简单的运算，就如同使用一个功能强大的计算器，使用变量无须预先定义类型。几个变量可以写在一行，用分号“;”或逗号“,”分割，用分号“;”使该表达式运算结果不显示，而逗号“,”则显示结果。也可以将一个长表达式分几行写，用三连点“…”续行。若需要修改已执行的命令行，可以在命令历史窗口找到该命令行复制，再粘贴到命令窗口修改；也可直接使用按键 <↑>、<↓>，调出已执行过的命令行修改。

（2）数据显示格式

MATLAB 默认的数据显示格式为短格式（short）：当结果为整数，就作为整数显示；当结果为实数，以小数点后 4 位的长度显示。若结果的有效数字超出一定范围，以科学计数法显示。数据显示格式可使用命令 format 改变。

```
>> format long          % 长格式(long),16 位
>> format short         % 短紧缩格式(short)
>> format rational      % 有理格式,近似分数
>> format               % 恢复默认的短格式
```

数据显示格式也可以通过菜单命令 File：Preferences：Command Window Preferences：Numeric format 改变。需要指出的是，显示格式的改变不会影响数据的实际值，所以不会影响计数精度。其计数精度约为 16 位有效数字。

（3）预定义变量

MATLAB 提供了一些预定义变量，定义了 MATLAB 应用和编程中经常用到的数据。如计算精度、圆周率等（如表 1-2 所示）。

表 1-2　预定义变量和返回值

变　量	返　回　值	变　量	返　回　值
ans	默认变量名，保留最近运算的结果（answer）	nargin	函数的输入参数个数
computer	计算机类型	nargout	函数的输出参数个数
eps	系统的浮点（floating-point）相对精度，无穷小量	pi	圆周率（= 3.1415926…）
i 或 j	基本虚数单位	realmax	系统所能表示的最大数值
inf	无限大（∞）	realmin	系统所能表示的最小数值
nan 或 NaN	非数值（不合法的数值），例如 0/0，∞/∞	version	MATLAB 版本字符串

注：表中的常数可以不必声明，直接应用于 MATLAB 编程。

例 1-2

```
>> a = abs(6 + 8j)
a =
  10
```

例 1-3　编辑函数 testarg1( )

```
function c = testarg1(a,b);   % 检测函数的输入参数个数
```

```
if (nargin == 1)
   c = a + a;
elseif (nargin == 2)
   c = a + b;
end
```

设置当前工作目录为函数 testarg1() 所在目录，在命令窗口输入 c = testarg1(5)，显示 c = 10；输入 c = testarg1(1，2)，显示 c = 3。

（4）用户变量

MATLAB 变量名的第一个字符必须是字母，后面可以跟字母、数字和下划线的任何组合，但不能含中文。变量名区分大小写。

创建变量时不必声明变量的数据类型，可直接创建。但要防止它与系统的预定义变量名、函数名、保留字（for，if，while，end 等）冲突。

MATLAB 支持的基本变量数据类型包括：基本数值类型，字符（串）型（char），元胞数组（单元数组）（cell），结构数组（struct），函数句柄（function handle），Java 对象，逻辑类型（logical）。其中基本数值类型又包括双精度类型 double float（64 位），单精度类型 single float（32 位），整数类型 integer。整数类型 integer 又包括 int8（$-2^7 \sim 2^7-1$）和 uint8（$0 \sim 2^8-1$），int16（$-2^{15} \sim 2^{15}-1$）和 uint16（$0 \sim 2^{16}-1$），int32（$-2^{31} \sim 2^{31}-1$）和 uint32（$0 \sim 2^{32}-1$），int64（$-2^{63} \sim 2^{63}-1$）和 uint64（$0 \sim 2^{64}-1$）共 4 类。

例 1-4

```
x = int16(8);   % 将 x 的值设置为 8,数据类型为 int16 型
class(x)        % 用 class 函数显示变量的数据类型
```

3. 数组与矩阵

MATLAB 运算的基本数据对象是矩阵，数组（这里指向量）是矩阵的特殊类型，但创建与运算又有区别。数组与矩阵属于数据结构的范畴，MATLAB 中所有的数据都是用数组或矩阵形式保存的。

（1）数组

1）数组的构造。

①直接法。

用空格或逗号间隔数组元素，然后用中括号“[ ]”括起来。

例 1-5　*x* = [0 1 2 3]　　或 *x* = [0，1，2，3]

句尾直接按下 <Enter> 键，显示数组；句尾加分号后按 <Enter> 键，不显示数组。

②增量法（冒号法）。

利用 MATLAB 提供的冒号运算符“:”可生成 $1 \times n$ 的矩阵。

格式：x = first:step:last;　　　% 初值：增量：终值，若增量默认，默认为 1

例 1-6　x = 0:1:3 或 x = 0:3　% 定义的数组同例 1-5

```
x = 1:5:100;
x = 10: -1:1 ;  % 不能表示为 x = 10:1
```

③linspace 函数法。

格式：x = linspace(first:last:num)；　% 初值:终值:元素个数,需指定首尾值和元素个数,步长 step = (last-first)/(num-1)；

例 1-7 x = linspace（0:3:4）；　%定义的数组同例 1-5

2）数组的运算

常用数组运算符如表 1-3 所示。

表 1-3 常用数组运算符

运　算	符　号	说　明
数组加与减	a + b 与 a - b	对应元素之间加减
数乘数组	k * a 或 a * k	k 乘 a 的每个元素
数与数组加减	k + a(k - a) 或 a + k(a - k)	k 加(减)a 的每个元素
数组乘数组	a. * b	a 中的元素乘以 b 中对应的元素 a(i) * b(i)
数组乘方	a. ^k	a 中各元素的 k 次幂
	k. ^a	以 k 为底,a 中各元素为幂
数除以数组	k. /a	以 k 为分子,a 中各元素为分母
数组除法	a. \b 左除	b 中的元素除以 a 中对应的元素 b(i)/a(i)
	a. /b 右除	a 中的元素除以 b 中对应的元素 a(i)/b(i)

注：点运算只有点乘、点乘方、点除三个，表示对应元素之间的运算；“. *”是一个整体，点“.”不能漏掉，“.”和“*”之间也不能有空格。

例 1-8 已知 a = [1 2 3]，b = [2 4 6]，c = 3；分析下列执行结果：

a + b = [3 6 9]

a - b = [-1 -2 -3]

a + c = [4 5 6]

a * c = [3 6 9]

a. * b = [2 8 16]

a. \b = [2 2 2]

a. /b = [0.5 0.5 0.5]

a. ^b = [1^2 2^4 3^6]

a. ^c = [1^3 2^3 3^3]

c. ^a = [3^1 3^2 3^3]

（2）矩阵

1）矩阵的创建

①在命令窗口中创建。

例 1-9 >> x = [1 2 3;4 5 6;7 8 9]

```
x =
1  2  3
4  5  6
7  8  9
```

②通过函数创建。

例 1-10

```
>> x = 0:pi/4:pi;
>> y = sin(x)
y =
      0    0.7071    1.0000    0.7071    0.0000
```

③通过数据文件创建，在命令窗口或程序中调入。例如使用已有数据，保存为 c:\bdat.xls，在 MATLAB 的 Files 菜单选 Import Data，找到文件 c:\bdat.xls 打开，就将表格

中数据作为二维数组赋予变量 bdat。

④通过 M 文件创建，在命令窗口或程序中执行。

⑤特殊矩阵的生成。

```
zeros (m,n);   %生成 m 行 n 列全零阵
ones(m,n);     %生成 m 行 n 列全 1 阵
eye(n);        %生成 n 行 n 列单位阵
diag(a,n);     %生成 n+1 行 n+1 列对角矩阵
magic(n);      %生成 n 行 n 列魔方矩阵
```

⑥获取矩阵的元素　A(row,column)。

例 1-11

```
>> A = magic(5)
A =
    17  24   1   8  15
    23   5   7  14  16
     4   6  13  20  22
    10  12  19  21   3
    11  18  25   2   9
>> A(3,2)
ans =
     6
>> A(:,3:5)   %表示取 A 的第 3 到第 5 列组成的矩阵
ans =
     1   8  15
     7  14  16
    13  20  22
    19  21   3
    25   2   9
>> B = [1 3 5];
>> C = A(B,4)   %表示取 A 的第 4 列的第 1,3,5 行元素组成的矩阵
C =
     8
    20
     2
>> D = A(B,:) %表示取 A 的第 1,3,5 行组成的矩阵
D =
    17  24   1   8  15
     4   6  13  20  22
    11  18  25   2   9
```

⑦获取矩阵的信息。

```
length(X);   %返回矩阵 X 的行数与列数中的最大值;如果 X 是向量,返回分量的个数
size(X);     %返回矩阵 X 的行数和列数
ndims(X);    %返回矩阵 X 的维数
numel(X);    %返回矩阵 X 的元素个数
```

例 1-12

```
>>X = [1 2 3; 4 5 6]
>>length(X)
ans =
      3
>>size(a)
ans =
     2   3
>>ndims(a)
ans =
     2
>>numel(a)
ans =
     6
```

2）矩阵的运算

矩阵常用的运算符号如表 1-4 所示。

表 1-4 常用矩阵运算符

运　算	符　号	说　明
矩阵转置	A′	复矩阵共轭转置，实转置用 A′
矩阵加与减	A + B 与 A − B	对应元素之间加减
数乘矩阵	k * A 或 A * k	k 乘 A 的每个元素
数与矩阵加减	k + A(k − A)或 A + k(A − k)	k 加(减)A 的每个元素
矩阵乘法	A. * B	A 中的元素乘以 B 中对应的元素 A(i,j) * B(i,j)
	A * B	A * B
矩阵乘方	A. ^k	A 中各元素的 k 次幂
	k. ^A	以 k 为底，A 中各元素为幂
	A^k	k 个 A 相乘
数除以矩阵	k. /A	以 k 为底，A 中各元素为分母
矩阵除法	A. \B 左除	B 中的元素除以 A 中对应的元素 B(i,j)/A(i,j)
	A. /B 右除	A 中的元素除以 B 中对应的元素
	A\B 左除	AX = B 的解
	A/B 右除	XB = A 的解

例 1-13 已知 A = [1 2;3 4]，B = [4 3;2 1]；分析下列执行结果：

```
>>100 + A
  ans =
     101    102
     103    104
>>A * B
  ans =
     8      5
     20     13
>>A. * B
  ans =
```

```
    4      6
    6      4
>> A\B
ans =
-6.0000    -5.0000
 5.0000     4.0000
>> B/A
ans =
-3.5000     2.5000
-2.5000     1.5000
>> A.\B
ans =
4.0000     1.5000
0.6667     0.2500
>> B./A
ans =
4.0000     1.5000
0.6667     0.2500
```

下面介绍一些矩阵的特殊运算函数，如表 1-5 所示。

表 1-5　矩阵的特殊运算函数

函　　数	函 数 说 明	函　　数	函 数 说 明
det	求方阵的行列式	triu	提取矩阵 A 的上三角部分
inv	求方阵的逆	compan	求矩阵的伴随矩阵
rank	求矩阵的秩	eig	返回方阵的特征值和特征向量。[V,D] = eig(A)其中 D 为特征值构成的对角阵，每个特征值对应 V 的列为属于该特征值的一个特征向量，如果只有一个返回值，则得到特征值构成的列向量
norm	求矩阵和向量的范数 norm(A,p)，p 可取 1,2,inf		
norm(x,1)	1 范数		
norm(x,2)	2 范数(欧几里德范数)		
norm(x,inf)	无穷范数	cond	求矩阵的的条件数，cond(A,p)，p 的含义同 norm
tril	提取矩阵 A 的下三角部分		

注：访问数组或矩阵的元素用小括号 a (i)，A (i, j)。

3）聚合矩阵

通过连接一个或多个矩阵来形成新的矩阵。[　] 既是矩阵构造符，又是矩阵运算符。

①直接构造法。

C = [A B]　水平(相同行数)；

C = [A;B]　垂直(相同列数)。

②函数构造法。

- cat　　沿指定的维聚合；
- horzcat　　水平聚合；
- vertcat　　垂直聚合；
- repmat　　通过复制和叠置矩阵来创建新的矩阵；

- blkdiag 用已有的矩阵创建新的对角矩阵。

例 1-14

```
>> A = [1 2 3;4 5 6];
>> B = [7 8 9;10 11 12];
>> C = eye(2) * 6;
>> D = [A B]   % 等同于 horzcat(A,B)
D =
     1     2     3     7     8     9
     4     5     6    10    11    12
>> E = [A;B]   % 等同于 vertcat(A,B)
E =
     1     2     3
     4     5     6
     7     8     9
    10    11    12
>> F = cat(1,A,B)   %沿 1 维(列)聚合,等同于 horzcat(A,B);cat(2,A,B) 等同于 vertcat(A,B)
F =
     1     2     3     7     8     9
     4     5     6    10    11    12
>> G = repmat(A,2,3)   %将 A 垂直方向复制 2 次,水平方向复制 3 次
G =
     1     2     3     1     2     3     1     2     3
     4     5     6     4     5     6     4     5     6
     1     2     3     1     2     3     1     2     3
     4     5     6     4     5     6     4     5     6
>> H = blkdiag(A,B,C)   %用 A,B,C 创建对角阵
H =
     1     2     3     0     0     0     0     0
     4     5     6     0     0     0     0     0
     0     0     0     7     8     9     0     0
     0     0     0    10    11    12     0     0
     0     0     0     0     0     0     6     0
     0     0     0     0     0     0     0     6
```

(3) 字符串 (char)

1) 字符串的创建

①直接法。

通过把字符放在单引号中来指定字符数据，每个字符占用 2 个字节。使用函数 class 或 ischar 测试数据类型。

```
country = 'china'
class(country)
```

创建二维字符串时，确定每行具有相同的长度。

```
name = ['liu ying';'hu xu']   % 错误
name = ['liu ying';'hu xu   '] % 正确
```

根据不同长度的字符串创建字符串时，将短的那些字符串用空格补齐，使所有字符串的长度相同。

②函数法。

用 char 函数创建，自动以最长的输入字符串的长度为标准，进行空格补齐。

```
name = char('liu ying','hu xu')
```

2）字符转换

字符转换常用函数如表 1-6 所示。

表 1-6 字符转换常用函数说明

函 数	函 数 说 明
char	将单元数组转换为标准字符串数组
str2double	将单元数组转换为字符串表示的双精度值
int2str	将整型数据转换为字符串型数据
num2str	将数值型数据转换为字符串型数据
num2str（str，n）	将数值型数据转换为字符串型数据，且设置输出的位数，num2str（pi，20）
str2num	将字符串型数据转换为数值型数据
mat2str	将二维数组转换为字符串

注：一个数组的元素要么都是数值，要么都是字符串。数值转换后可以与字符串出现在同一数组中。

例 1-15

```
>> x = 2009;
>> size(x)      % 返回 x 的行列数
ans =
     1     1
>> y = int2str(x)   % 将整型数据转换为字符串型数据
y =
2009
>> size(y)      % 返回 y 的行列数
ans =
     1     4
>> class(x)     % 测试 x 的数据类型
ans =
double
>> class(y)     % 测试 y 的数据类型
ans =
char
若 x = [1 2 3;4 5 6];
>> size(x)      % 返回 x 的行列数
ans =
     2     3
>> y = mat2str(x)   % 将数组转换为字符串
y =
```

```
[1 2 3;4 5 6]
>> size(y)    %返回 y 的行列数
ans =
     1    13
>> class(x)    %测试 x 的数据类型
ans =
double
>> class(y)    %测试 y 的数据类型
ans =
char
```

MATLAB 命令可以定义成一个字符串，使用 eval 使字符串所表达的 MATLAB 命令得到实现。

例 1-16

```
>> fun ='x.^2.*sin(x)'
fun =
x.^2.*sin(x);
>> x=1:3;
eval(fun);
ans =
    0.8415    3.6372    1.2701
```

3）比较字符串

strcmp(str1,str2)　　比较字符串 str1,str2

strncmp(str1,str2,n)　　比较字符串的前 n+1 个字符

关系运算符有：　==　!=　>　>=　<　<=

4）聚合字符串

①聚合运算符（[ ]）。

②sprintf 函数。

③strcat 函数。

例 1-17

```
>> num=28;['There are '  int2str(num) ' characters here']
ans =
There are  28 characters here
等价于 sprintf('There are %d  characters here\n' ,num)
等价于 strcat('There are ', int2str(num),'  characters here')
```

(4) 单元（cell）数组

单元数组是一种特殊的数组，这种数组的元素是单元，能包含其他 MATLAB 数组。

1）单元数组的建立

建立单元数组和一般数组相似，只是数组元素用大括号括起来。

① 通过赋值语句创建（单元索引和内容索引）。

例 1-18　单元索引

```
>>A(1,1)={[1 2 3;4 5 6]};
```

```
>> A(1,2) = { '武汉科技大学'};
>> A(2,1) = {3 +4j};
>> A(2,2) = { - pi:pi/4:pi};
```

内容索引

```
>> A{1,1} =[1 2 3;4 5 6];
>> A{1,2} ='武汉科技大学';
>> A{2,1} =3 +4j;
>> A{2,2} = - pi:pi/4:pi;
>> disp(A)
        [2x3 double]      '武汉科技大学'
      [3.0000 + 4.0000j]      [1x9 double]
```

例 1-19 单元数组聚合

```
>> A1 = {'first';1:3};A2 = {'second';[1 2;3 4]};
>> A = [A1,A2]
A =
  'first'           'second'
  [1x3 double]      [2x2 double]
```

②用 cell 函数预分配指定大小的空单元数组。

B = cell(2,3);

用赋值语句填充 B 单元：B(1,3) = {1:3};

2）单元数组的引用

- 用带有大括号下标的形式引用单元数组元素，如 A {3, 3}；
- 使用 disp 函数来显示单元数组，如 disp(A)；
- 使用 celldisp 函数来显示整个单元数组，如 celldisp(A)；
- 可以删除单元矩阵中的某个元素，如 A(2) = [ ]。将在 switch 语句中用到。

```
>> A(2) = [ ]
>> disp(A)
      [2x3 double]     '武汉科技大学'   [1x9 double]
```

（5）多项式计算

1）多项式的建立

①系数矢量的直接输入法，如 poly2sym([1, -4,3,2])，返回 x^3 -4 * x^2 +3 * x +2，表示 $x^3 - 4x^2 + 3x + 2$。

②由根矢量创建，如 poly([2,3])，返回多项式的系数矢量 [1 -5 6]，表示 $x^2 - 5x + 6$。

③特征多项式输入法，如直接输入 x^3 -4 * x^2 +3 * x +2，表示 $x^3 - 4x^2 + 3x + 2$。

2）多项式的四则运算

①多项式的加减运算。

即多项式系数向量的加减，多项式系数向量采取相对幂从高到低的顺序排列。

②多项式乘法运算。

函数 conv(P1, P2) 用于求多项式 P1 和 P2 的乘积。这里，P1、P2 是两个多项式系数向量。

例 1-20 求多项式 x^2+2x+3 与多项式 $2x^2-x+3$ 的乘积。

```
>> p1 = [1 2 3];
>> p2 = [2 -1 3];
>> conv(p1,p2)
ans =
     2     3     7     3     9
```

③多项式除法。

函数[Q,r] = deconv(P1,P2)用于对多项式 P1 和 P2 作除法运算。其中 Q 返回多项式 P1 除以 P2 的商式，r 返回 P1 除以 P2 的余式。这里，Q 和 r 仍是多项式系数向量。

deconv 是 conv 的逆函数，即有 P1 = conv(P2,Q) + r。

例 1-21 求多项式 $4x^4+2x^3+3x+5$ 除以多项式 $2x^2-x+3$ 的结果。

```
>> p1 = [4 2 0 3 5];
>> p2 = [2 -1 3];
>> [Q,r] = deconv(p1,p2)
Q =
     2     2    -2
r =
     0     0     0    -5    11
```

3）多项式的导函数

对多项式求导数的函数有：

- p = polyder(P)：求多项式 P 的导函数；
- p = polyder(P,Q)：求 P · Q 的导函数；
- [p,q] = polyder(P,Q)：求 P/Q 的导函数,导函数的分子存入 p,分母存入 q。

上述函数中，参数 P，Q 是多项式的向量表示，结果 p，q 也是多项式的向量表示。

例 1-22 求多项式 $4x^4+2x^3+3x+5$ 的导数。

```
>> p1 = [4 2 0 3 5];
>> polyder(p1)
ans =
    16     6     0     3
```

4）多项式的求值

MATLAB 提供了两种多项式求值的函数：polyval 与 polyvalm，它们的输入参数均为多项式系数向量 P 和自变量 x。两者的区别在于前者是代数多项式求值，而后者是矩阵多项式求值。

①代数多项式求值。

polyval 函数用来求代数多项式的值，其调用格式为：Y = polyval(P,x)；

若 x 为一数值，则求多项式在该点的值；若 x 为向量或矩阵，则对向量或矩阵中的每个元素求其多项式的值。

例 1-23 已知多项式 $4x^4+2x^3+3x+5$，分别取 $x=1$ 和一个 2×3 矩阵为自变量计算该多项式的值。

```
>> p1 = [4 2 0 3 5];
```

```
>> polyval(p1,1)
ans =
     14
>> polyval(p1,[1 2 3;4 5 6])
ans =
     14          91          392
   1169        2770         5639
```

②矩阵多项式求值。

polyvalm 函数用于矩阵多项式求值,其调用格式与 polyval 相同,但含义不同。polyvalm 函数要求 x 为方阵,它以方阵为自变量求多项式的值。设 A 为方阵,P 代表多项式 $4x^4+2x^3+3x+5$,那么

polyvalm(P,A)的含义是:4 * A * A * A * A +2 * A * A * A +3 * A +5 * eye(size(A)),

而 polyval(P,A)的含义是:4 * A * A * A * A +2 * A * A * A +3 * A +5 * ones(size(A))。

例 1-24 仍以多项式 $4x^4+2x^3+3x+5$ 为例，取一个 2×2 矩阵为自变量分别用 polyval 和 polyvalm 计算该多项式的值。

```
>> polyval(p1,[1 2;3 4])
ans =
      14          91
     392        1169
>> polyvalm(p1,[1 2;3 4])
ans =
     878        1274
    1911        2789
```

5）多项式的求根

n 次多项式具有 n 个根，当然这些根可能是实根，也可能含有若干对共轭复根。MATLAB 提供的 roots 函数用于求多项式的全部根，其调用格式为：x = roots(P)。其中 P 为多项式的系数向量，求得的根赋给向量 x，即 $x(1),x(2),\cdots,x(n)$分别代表多项式的 n 个根。

例 1-25 求多项式 $4x^4+2x^3+3x+5$ 的根。

```
>> p1 = [4 2 0 3 5];
>> x = roots(p1)
x =
   0.6336 + 0.8837i
   0.6336 - 0.8837i
  -0.8836 + 0.5257i
  -0.8836 - 0.5257i
```

若已知多项式的全部根，则可以用 poly 函数建立起该多项式，其调用格式为：P = poly(x)。若 x 为具有 n 个元素的向量，则 poly(x) 建立以 x 为其根的多项式，且将该多项式的系数赋给向量 P。

例 1-26 已知 $f(x)$

(1) 计算 $f(x)=0$ 的全部根。

(2) 由方程 $f(x)=0$ 的根构造一个多项式 $g(x)$，并与 $f(x)$ 进行对比。

命令如下：

```
>> p1 = [4 2 0 3 5];
>> x = roots(p1)              % 求方程 f(x) = 0 的根,见例 1-25
>> g = poly(x)                % 求多项式 g(x)
g =
    1.0000    0.5000    0.0000    0.7500    1.2500
```

由于拟合的方法和精度问题，导致由根构造的多项式与原来的多项式不完全一致。

4. MATLAB 程序设计

(1) M 文件

1) M 文件概述

用 MATLAB 语言编写的程序，称为 M 文件。M 文件可以根据调用方式的不同分为两类：脚本文件（Script File）和函数文件（Function File）。

①脚本文件：在 MATLAB 的工作空间内对数据进行操作。

②函数文件：可接受输入参数并返回输出参数，内部的变量不占用 MATLAB 工作空间，第一行包含 function。

注：M 文件的调用以文件名为准。% 为 MATLAB 的注释符，其后的语句不执行（只对当前行有效）。

例 1-27 分别建立脚本文件和函数文件，将华氏温度 f 转换为摄氏温度 c。转换公式：$c=5*(f-32)/9$。

程序 1：首先建立脚本文件并以文件名 f2c. m 存盘。

```
clear;                    % 清除工作空间中的变量
f = input ('Input Fahrenheit temperature :');
c =5 * (f-32)/9;
```

然后在 MATLAB 的命令窗口中输入 f2c，将会执行该脚本文件，执行情况为：

```
Input Fahrenheit temperature:73
c  =
   22.7778
```

程序 2：首先建立函数文件 f2c. m。

```
function c = f2c(f);
c =5 * (f-32)/9;
```

然后在 MATLAB 的命令窗口调用该函数文件。

```
clear;
y = input('Input Fahrenheit temperature:');
x = f2c(y);
```

输出情况为：

```
Input Fahrenheit temperature:70
x =
    21.1111
```

2) M 文件的建立与打开

M 文件是一个文本文件，它可以用任何编辑程序来建立和打开，而一般常用且最为方便的是使用 MATLAB 提供的文本编辑器。

①建立新的 M 文件。

为建立新的 M 文件，启动 MATLAB 文本编辑器有 3 种方法：

- 菜单操作。从 MATLAB 主窗口的 File 菜单中选择 New 菜单项，再选择 M-file 命令，屏幕上将出现 MATLAB 文本编辑器窗口。
- 命令操作。在 MATLAB 命令窗口输入命令 edit，启动 MATLAB 文本编辑器后，输入 M 文件的内容并存盘。
- 命令按钮操作。单击 MATLAB 主窗口工具栏上的 New M-File 命令按钮，启动 MATLAB 文本编辑器后，输入 M 文件的内容并存盘。

②打开已有的 M 文件。

打开已有的 M 文件，也有 3 种方法：

- 菜单操作。从 MATLAB 主窗口的 File 菜单中选择 Open 命令，则屏幕出现 Open 对话框，在 Open 对话框中选中需打开的 M 文件。在文档窗口可以对打开的 M 文件进行编辑修改，编辑完成后，将 M 文件存盘。
- 命令操作。在 MATLAB 命令窗口输入命令：edit 文件名，则打开指定的 M 文件。
- 命令按钮操作。单击 MATLAB 主窗口工具栏上的 Open File 命令按钮，再从弹出的对话框中选择需打开的 M 文件。

（2）程序控制结构

1）顺序结构

①数据的输入。

从键盘输入数据，可以使用 input 函数来进行，该函数的调用格式为：

A = input(提示信息，选项);% 提示信息为一个字符串，用于提示用户输入什么样的数据

x = input('x =');

如果在 input 函数调用时采用‘s’选项，则允许用户输入一个字符串。例如，想输入一个人的姓名，可采用命令：

xm = input('What's your name? ','s');

②数据的输出。

MATLAB 提供的命令窗口输出函数主要有 disp 函数和 fprintf 函数，其调用格式为：

```
disp(输出项);          % 其中输出项既可以为字符串,也可以为矩阵
fprintf(fid,format);   % 与 c 语言类似
```

例 1-28 求一元二次方程 $ax^2+bx+c=0$ 的根。

程序如下：

```
disp('求一元二次方程 a. * x^2 + b. * x + c = 0 的根,请输入系数 abc:');
a = input('a =');
b = input('b =');
c = input('c =');
delta = b * b - 4 * a * c;
x = [(-b + sqrt(delta))/(2 * a),(-b - sqrt(delta))/(2 * a)];
```

```
disp(['x1 =',num2str(x(1)),',x2 =',num2str(x(2))]);
```

③程序的暂停。

暂停程序的执行可以使用 pause 函数，其调用格式为：pause（延迟秒数）。如果省略延迟时间，直接使用 pause，则将暂停程序，直到用户按任一键后程序继续执行。

若要强行中止程序的运行可使用 <Ctrl + C> 命令。

2）选择结构

①if 语句。

在 MATLAB 中，if 语句有 3 种格式。

- 单分支 if 语句

```
if  条件
      语句组
end
```

当条件成立时，则执行语句组，执行完之后继续执行 if 语句的后继语句；若条件不成立，则直接执行 if 语句的后继语句。

- 双分支 if 语句

```
if  条件
    语句组 1
else
    语句组 2
end
```

当条件成立时，执行语句组 1，否则执行语句组 2。语句组 1 或语句组 2 执行后，再执行 if 语句的后继语句。

例 1-29 计算分段函数 $y=\begin{cases}x^2-1 & x\geqslant 0\\ x^2+1 & x<0\end{cases}$的值。

程序如下：

```
x = input('请输入 x 的值:');
if x <0
   y = x.^2 +1;
else
   y = x.^2 -1;
end
disp(y);
```

- 多分支 if 语句

```
if  条件 1
     语句组 1
elseif  条件 2
     语句组 2
     ……
elseif  条件 m
     语句组 m
```

```
else
    语句组 n
end
```

多分支 if 语句用于实现多分支选择结构。

②switch 语句。

switch 语句根据表达式的取值不同，分别执行不同的语句，其语句格式为：

```
switch  表达式
  case  表达式 1
     语句组 1
  case  表达式 2
     语句组 2
     ……
  case  表达式 m
     语句组 m
  otherwise
     语句组 n
 end
```

解释如下：

当表达式的值等于表达式 1 的值时，执行语句组 1；

当表达式的值等于表达式 2 的值时，执行语句组 2；

⋮

当表达式的值等于表达式 m 的值时，执行语句组 m；

当表达式的值不等于 case 所列的表达式的值时，执行语句组 n。当任意一个分支的语句执行完后，直接执行 switch 语句的下一句。

例 1-30 某商场对顾客所购买的商品实行打折销售，标准如下（商品价格用 price 来表示）：

price < 200	没有折扣
200 ≤ price < 500	3% 折扣
500 ≤ price < 1000	5% 折扣
1000 ≤ price < 2500	8% 折扣
2500 ≤ price < 5000	10% 折扣
5000 ≤ price	14% 折扣

输入所售商品的价格，求其实际销售价格。

程序如下：

```
price = input('请输入商品价格： ');
switch fix(price/100)                  % fix 取最近的整数
     case {0,1}                         % 价格小于 200,元胞数组[0] [1]
          rate = 0;
     case {2,3,4}                       % 价格大于等于 200 但小于 500
```

```
        rate = 3/100;
    case num2cell(5:9)          % 价格大于等于 500 但小于 1000
        rate = 5/100;           % 元胞数组[5] [6] [7] [8] [9]
    case num2cell(10:24)        % 价格大于等于 1000 但小于 2500
        rate = 8/100;
    case num2cell(25:49)        % 价格大于等于 2500 但小于 5000
        rate = 10/100;
    otherwise                   % 价格大于等于 5000
        rate = 14/100;
end
price = price * (1 - rate);     % 输出商品实际销售价格
```

③try 语句。

语句格式为:

```
try
   语句组 1
catch
   语句组 2
end
```

try 语句先试探性执行语句组 1，如果语句组 1 在执行过程中出现错误，则将错误信息赋给保留的 lasterr 变量，并转去执行语句组 2。

例 1-31 矩阵乘法运算要求两矩阵的维数相容，否则会出错。先求两矩阵的乘积，若出错，则自动转去求两矩阵的点乘。

程序如下:

```
A = [1,2,3;4,5,6]; B = [7,8,9;10,11,12];
try
   C = A * B;
catch
   C = A. * B;
end
```

3）循环结构

①for 语句。

for 语句的格式为:

```
for 循环变量 = 表达式 1: 表达式 2: 表达式 3
   循环体语句
end
```

其中表达式 1 的值为循环变量的初值，表达式 2 的值为步长，表达式 3 的值为循环变量的终值。步长为 1 时，表达式 2 可以省略。

例 1-32 计算从 1 到 100 的和。

程序如下:

```
clear;
sum = 0;
```

```
for n = 1:100
    sum = sum + n;
end
```

该程序也可以由 while 语句来完成。

for 语句更一般的格式为：

for 循环变量 = 矩阵表达式

  循环体语句

end

执行过程是依次将矩阵的各列元素赋给循环变量，然后执行循环体语句，直至各列元素处理完毕。for 循环可以用 break 语句来终止循环。

②while 语句。

while 语句的一般格式为：

while（条件）

   循环体语句

end

其执行过程为：若条件成立，则执行循环体语句，执行后再判断条件是否成立，如果不成立则跳出循环。

例 1-33 用 while 语句重做例 1-31。

程序如下：

```
sum = 0;i = 1;
while(i < = 100)
    sum = sum + i;i = i + 1;
end
```

③break 语句和 continue 语句。

与循环结构相关的语句还有 break 语句和 continue 语句。它们一般与 if 语句配合使用。break 语句用于终止循环的执行，当在循环体内执行到该语句时，程序将跳出循环，继续执行循环语句的下一语句；continue 语句控制跳过循环体中的某些语句，当在循环体内执行到该语句时，程序将跳过循环体中所有剩下的语句，继续下一次循环。

例 1-34 求［100，200］之间第一个能被 21 整除的整数。

程序如下：

```
for n = 100:200
    if rem(n,21) ~ = 0    %通过 rem 求余判断是否整除
        continue
    else
        disp(n);
    end
    break
end
```

若不用 break，则得到［100，200］之间所有能被 21 整除的整数 105、126、147、168、189。

（3）函数文件

1）函数文件的基本结构

函数文件由 function 语句引导，其基本结构为：

function 输出形参表 = 函数名（输入形参表）

注释说明部分

函数体语句

其中以 function 开头的一行为引导行，表示该 M 文件是一个函数文件。函数的命名规则与变量名相同。输入形参为函数的输入参数，输出形参为函数的输出参数。当输出形参多于一个时，则应该用方括号括起来。

例 1-35 编写函数文件，求半径为 r 的圆的面积和周长。

函数文件如下：

```
function [s,p] = fcircle(r)
%r          圆半径
%s          圆面积
%c          圆周长
s = pi * r * r;
c = 2 * pi * r;
```

在命令窗口中输入：

```
>>[s,p] = fcircle(10)
s =
    314.1593
p =
    62.8319
```

2）函数调用

函数调用的一般格式是：［输出实参表］ = 函数名（输入实参表）。要注意的是，函数调用时各实参出现的顺序、个数，应与函数定义时形参的顺序、个数一致，否则会出错。函数调用时，先将实参传递给相应的形参，从而实现参数传递，然后再执行函数的功能。

例 1-36 利用函数文件，实现直角坐标（x，y）与极坐标（ρ，θ）之间的转换。

函数文件 tran. m：

```
function [rho,theta] = tran(x,y);
rho = sqrt(x * x + y * y);
theta = atan(y/x);
```

调用 tran. m 的命令文件 main1. m：

```
x = input('Please input x =');
y = input('Please input y =');
[rho,theta] = tran(x,y);
```

在 MATLAB 中，函数可以嵌套调用，即一个函数可以调用别的函数，甚至调用它自身。一个函数调用它自身称为函数的递归调用。

3）函数参数的可调性

在调用函数时，MATLAB 用两个永久变量 nargin 和 nargout 分别记录调用该函数时的输入实参和输出实参的个数。只要在函数文件中包含这两个变量，就可以准确地知道该函数文件被调用时的输入输出参数个数，从而决定函数如何进行处理。

例 1-37 nargin 用法示例。

函数文件 testarg1. m

```
function c = testarg1(a,b)
        if (nargin == 1)
              c = 2 * a;
          elseif (nargin == 2)
              c = a + b;
        end
```

命令窗口输入：

```
>> x = 1:3;
>> testarg1(x)
ans =
     2   4   6
>> y = 2;
>> testarg1(x,y)
ans =
     3   4   5
```

4） 全局变量与局部变量

局部变量的作用范围仅限于本函数。

全局变量的作用范围为整个 M 文件。用 global 命令定义，格式为：global 变量名。将变量作为函数参数进行传递更为保险。

（4） 函数句柄

1） 函数句柄的创建

在函数名前用@创建。语法格式：

fhandle = @ function _ name;

可以像传递其他变量一样，将句柄传递给另一个函数。

2） 函数句柄的使用

用 feval 命令运行函数句柄的目标函数。语法格式：

[y1,y2,…] = feval(fhandle,x1,…,xn);

例 1-38 利用二分法求方程 $f(x) = -\tan x$ 在区间 $[0, \pi/2]$ 内的实根，使精度达到 10^{-5}。

```
function  [x,k] = deminmethod(a,b,f,emg);
%a,b 表示求解区间[a,b]的端点
%f 表示所求解方程的函数名
%emg 表示精度指标
%x 表示所求近似值
%k 表示循环次数
fa = feval(f,a);
fab = feval(f,(a+b)/2);
```

```
k = 0;
while abs(b - a) > emg
if fab == 0
    x = (a + b)/2;
    return;
elseif fa * fab < 0
    b = (a + b)/2;
else
a = (a + b)/2;
end
fa = feval(f,a);
fab = feval(f,(a + b)/2);
k = k + 1;
end
x = (a + b)/2;
```

函数文件 func2. m

```
function f = func2(x);
f = sqrt(x^2 + 1) - tan(x);
```

在命令窗口中输入：

```
f = @ func2;
[x0,k] = deminmethod(0,pi/2,f,10^-5);
```

（5）程序调试

1）程序调试概述

一般来说，应用程序的错误有两类，一类是语法错误，另一类是程序运行时的错误。语法错误包括词法或文法的错误，例如函数名的拼写错、表达式书写错等；程序运行时的错误是指程序的运行结果有错误，这类错误也称为程序逻辑错误。

2）调试器

①Debug 菜单项（定点调试）。

该菜单项用于程序调试，需要与 Breakpoints 菜单项配合使用。

②Breakpoints 菜单项（断点调试）。

该菜单项共有 6 个菜单命令，前 2 个用于在程序中设置和清除断点，后 4 个是设置停止条件，用于临时停止 M 文件的执行，并给用户一个检查局部变量的机会，相当于在 M 文件指定的行号前加入了一个 keyboard 命令。

5. MATLAB 绘图

（1）二维数据曲线图

1）绘制单根二维曲线

plot 函数的基本调用格式为：plot(x, y)。其中 x 和 y 为长度相同的向量，分别用于存储 x 坐标和 y 坐标数据。

2）绘制多根二维曲线

①plot 函数的输入参数是矩阵形式。

• 当 x 是（1 行 n 列），y 是 m 行 n 列的矩阵时，绘制出 m 根不同颜色的曲线。

- 当 x，y 是同维矩阵时，则以 x，y 对应列元素为横、纵坐标分别绘制曲线，曲线条数等于矩阵的列数。
- 对只包含一个输入参数的 plot 函数，当输入参数是实矩阵时，则按列绘制每列元素值相对其下标的曲线，曲线条数等于输入参数矩阵的列数。当输入参数是复数矩阵时，则按列分别以元素实部和虚部为横、纵坐标，绘制多条曲线。

②含多个输入参数的 plot 函数。

调用格式为：plot($x1,y1,x2,y2,\cdots,xn,yn$)

- 当输入参数都为向量时，$x1$ 和 $y1$，$x2$ 和 $y2$，…，x_n 和 y_n 分别组成一组向量对，每一组向量对的长度可以不同。每一向量对可以绘制出一条曲线，这样可以在同一坐标内绘制出多条曲线。
- 当输入参数有矩阵形式时，配对的 x，y 按对应列元素为横、纵坐标分别绘制曲线，曲线条数等于矩阵的列数。

③具有两个纵坐标标度的图形。

在 MATLAB 中，如果需要绘制出具有不同纵坐标标度的两个图形，可以使用 plotyy 绘图函数。调用格式为：

plotyy(x1,y1,x2,y2);

其中 $x1$，$y1$ 对应一条曲线，$x2$，$y2$ 对应另一条曲线。横坐标的标度相同，纵坐标有两个，左纵坐标用于 $x1$，$y1$ 数据对，右纵坐标用于 $x2$，$y2$ 数据对。

例 1-39　分析下列程序绘制的曲线。

```
x1 = linspace(0,2 * pi,100);
x2 = linspace(0,3 * pi,100);
x3 = linspace(0,4 * pi,100);
y1 = sin(x1);
y2 = 1 + sin(x2);
y3 = 2 + sin(x3);
x = [x1;x2;x3]';
y = [y1;y2;y3]';
plot(x,y,x1,y1 - 1);
```

运行结果如图 1-3 所示。

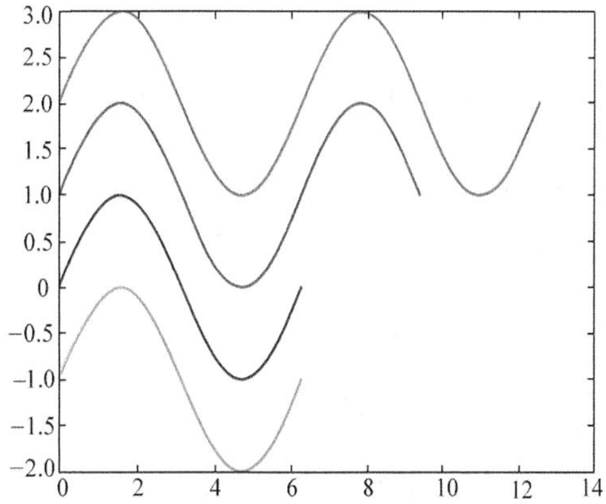

图 1-3　例 1-39 运行结果

④图形保持。

hold on/off 命令控制是保持原有图形还是刷新原有图形，不带参数的 hold 命令在两种状态之间进行切换。

3）设置曲线样式

MATLAB 提供了一些绘图选项，用于确定所绘曲线的线型、颜色和数据点标记符号，它们可以组合使用。

例如，"b -."表示蓝色点划线，"y:d"表示黄色虚线并用菱形符标记数据点。当选项省略时，MATLAB 规定，线型一律用实线，颜色将根据曲线的先后顺序依次不同。

要设置曲线样式，可以在 plot 函数中加绘图选项，其调用格式为：

plot(x1,y1,选项 1,x2,y2,选项 2,…,xn,yn,选项 n);

plot 绘图函数的参数的汇总，如表 1-7 所示。

表 1-7 plot 绘图函数的参数

字　元	颜　色	字　元	时　标	字　元	线　态
y	黄色	.	点	-	实线（默认）
k	黑色	o	圆	:	点线
w	白色	x	十字	-.	点虚线
b	蓝色	+	+	—	虚线
g	绿色	*	*		
r	红色	s	矩形		
c	亮青色	d	菱形		
m	洋红色	∧ ∨ > <	上（下/左/右）三角		
		p	五边形		
		h	六边形		

例 1-40　在同一坐标内，分别用不同线型和颜色绘制曲线 $y_1=0.2e^{-0.5x}\cos4\pi x$ 和 $y_2=2e^{-x}\cos\pi x$，并标记两曲线交叉点。

程序如下：

```
x = linspace(0,2 * pi,1000);
y1 =0.2 * exp( -0.5 * x). * cos(4 * pi * x);
y2 =2 * exp( -x). * cos(pi * x);
k = find(abs(y1 -y2) <1e -2);                % 查找 y1 与 y2 相等点(近似相等)的下标
x1 =x(k);                                    % 取 y1 与 y2 相等点的 x 坐标
y3 =0.2 * exp( -0.5 * x1). * cos(4 * pi * x1); % 求 y1 与 y2 值相等点的 y 坐标
plot(x,y1,x,y2,'k:',x1,y3,'bp');
```

运行结果如图 1-4 所示，其中“☆”为交叉点。

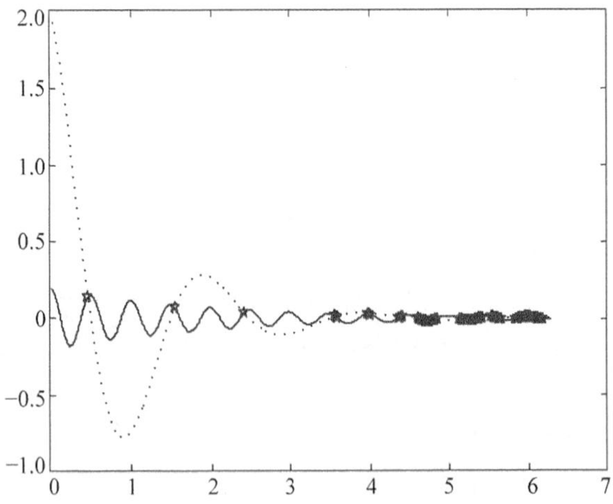

图 1-4　例 1-40 的运行结果

4）图形标注与坐标控制

①图形标注。

有关图形标注函数的调用格式为：

title（图形名称）；

xlabel（x 轴说明）；

ylabel（y 轴说明）；

text（x，y，图形说明）；

legend（图例 1，图例 2，…）；

例 1-41　在 $0\leqslant x\leqslant2\pi$ 区间内，绘制曲线 $y_1=e^{-x}$和 $y_2=\cos(2\pi x)$，并给图形添加图形标注。

程序如下：

```
x =0:pi/100:2 * pi;
y1 = exp( -x);
y2 = cos(2 * pi * x);
plot(x,y1,x,y2);
```

```
title('x from 0 to 2{\pi}');                % 加图形标题
xlabel('Variable X');                       % 加 x 轴说明
ylabel('Variable Y');                       % 加 y 轴说明
text(2,0.2,'曲线 y1 = e^{ - x}');           % 在指定位置添加图形说明
text(4,0.8,'曲线 y2 = cos(2{\pi}x)');
legend('y1','y2');                          % 加图例
```

运行结果如图 1-5 所示。

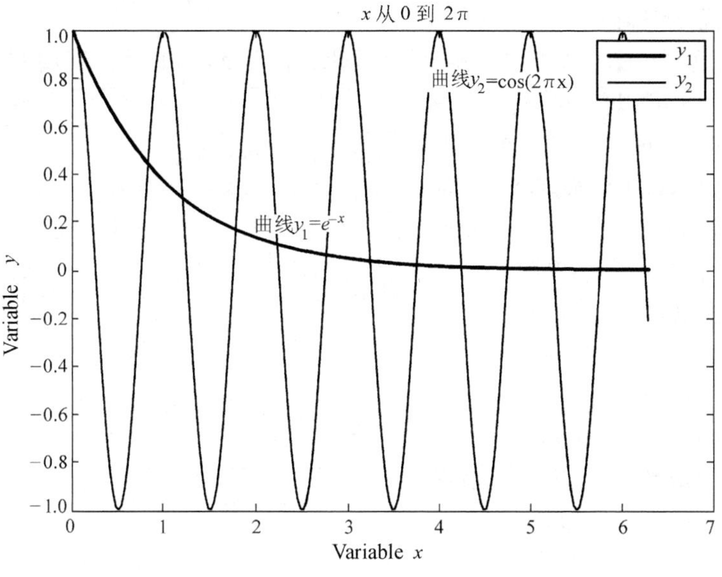

图 1-5　例 1-41 的运行结果

②坐标控制。

axis 函数的调用格式为：

　　axis([xmin xmax ymin ymax zmin zmax]);

axis 函数功能丰富，常用的格式还有：

axis equal：纵、横坐标轴采用等长刻度。

axis square：产生正方形坐标系（默认为矩形）。

axis auto：使用默认设置。

axis off：取消坐标轴。

axis on：显示坐标轴。

给坐标加网格线用 grid 命令来控制。grid on/off 命令控制是加还是不加网格线，不带参数的 grid 命令在两种状态之间进行切换。

给坐标加边框线用 box 命令来控制。box on/off 命令控制是加还是不加边框线，不带参数的 box 命令在两种状态之间进行切换。

例 1-42　在同一坐标中，绘制 3 个同心圆，并加坐标控制。

程序如下：

```
t=0:0.01:2*pi;
```

```
x = exp(i * t);
y = [x;2 * x;3 * x]';
plot(y);
grid on;                  % 加网格线
box off;                  % 加坐标边框线
axis equal;               % 坐标轴采用等刻度
```

运行结果如图 1-6 所示。

5）图形的可视化编辑

MATLAB 7.1 版本在图形窗口中提供了可视化的图形编辑工具，利用图形窗口菜单栏或工具栏中的有关命令可以完成对窗口中各种图形对象的编辑处理。在图形窗口上有一个菜单栏和工具栏。菜单栏包含 File、Edit、View、Insert、Tools、Desktop、Window 和 Help 共 8 个菜单项，工具栏包含 14 个命令按钮。

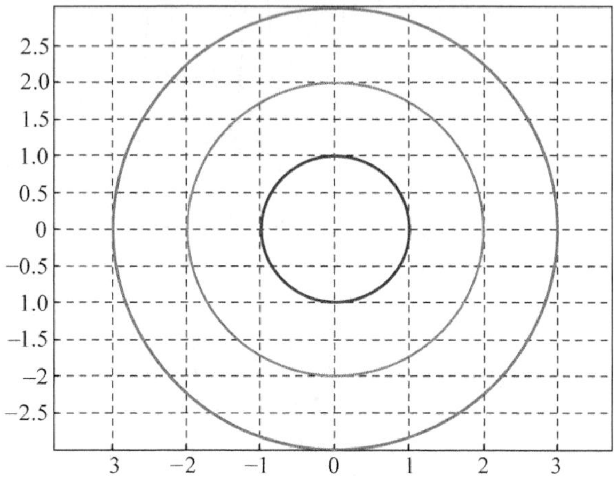

图 1-6　例 1-42 的运行结果

6）对函数自适应采样的绘图函数

fplot 函数的调用格式为：

fplot(fname,lims,tol,选项)；

其中，fname 为函数名，以字符串形式出现；lims 为 x，y 的取值范围；tol 为相对允许误差，其系统默认值为 2e − 3；选项定义与 plot 函数相同。

例 1-43　用 fplot 函数绘制 $f(x) = \cos(\tan(\pi x))$ 曲线。

命令如下：

```
fplot('cos(tan(pi * x))',[0,1],1e-4);
```

7）图形窗口的分割

subplot 函数的调用格式为：

subplot(m,n,p)；

该函数将当前图形窗口分成 $m \times n$ 个绘图区，即每行 n 个，共 m 行，区号按行优先编号，且选定第 p 个区为当前活动区。在每一个绘图区允许以不同的坐标系单独绘制图形。

（2）二维统计分析图

在 MATLAB 中，二维统计分析图形很多，常见的有条形图、阶梯图、杆图和填充图等，所采用的函数分别是：

bar(x,y,选项)条形图。

stairs(x,y,选项)阶梯图。

stem(x,y,选项)杆图。

fill(x1,y1,选项 1,x2,y2,选项 2,…)填充图。

例 1-44　分别以条形图、阶梯图、杆图和填充图形式绘制曲线 $y = \sin(x)$。

程序如下：

```
x = 0:pi/10:2 * pi;
```

```
y = sin(x);
subplot(2,2,1);bar(x,y,'g');
title('bar(x,y,''g'')');axis([0,7,-1.1,1.1]);
subplot(2,2,2);stairs(x,y,'b');
title('stairs(x,y,''b'')');axis([0,7,-1.1,1.1]);
subplot(2,2,3);stem(x,y,'k','.');
title('stem(x,y,''k'')');axis([0,7,-1.1,1.1]);
subplot(2,2,4);fill(x,y,'y');
title('fill(x,y,''y'')');axis([0,7,-1.1,1.1]);
```

运行结果如图 1-7 所示。

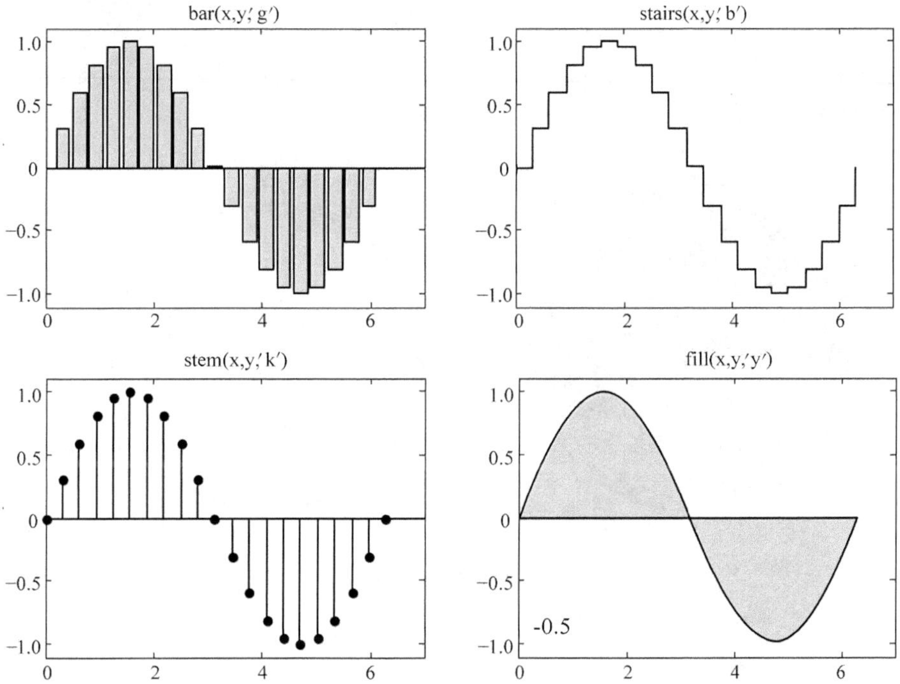

图 1-7　例 1-44 的运行结果

MATLAB 提供的统计分析绘图函数还有很多，例如，用来表示各元素占总和的百分比的饼图、复数的相量（罗盘）图等，如表 1-8 所示。

表 1-8　各种二维绘图函数

函　数　名	函 数 说 明	函　数　名	函 数 说 明
bar	长条图	stairs	阶梯图
errorbar	图形加上误差范围	stem	针状图
fplot	较精确的函数图形	fill	实心图
polar	极坐标图	feather	羽毛图
hist	累计图	compass	罗盘图
rose	极坐标累计图	quiver	向量场图
plot	线图	pie	饼图

例 1-45 绘制图形：

（1）某企业全年各季度的产值（单位：万元）分别为：2347，1827，2043，3025，试用饼图作统计分析。

（2）绘制复数的相量图：7 + 2.9j、2 − 3j 和 − 1.5 − 6j。

程序如下：

```
subplot(1,2,1);
pie([2347,1827,2043,3025]);
title('饼图');
legend('一季度','二季度','三季度','四季度');
subplot(1,2,2);
compass([7 +2.9j,2 -3j, -1.5 -6j]);
title('相量图');
```

运行结果如图 1-8 所示。

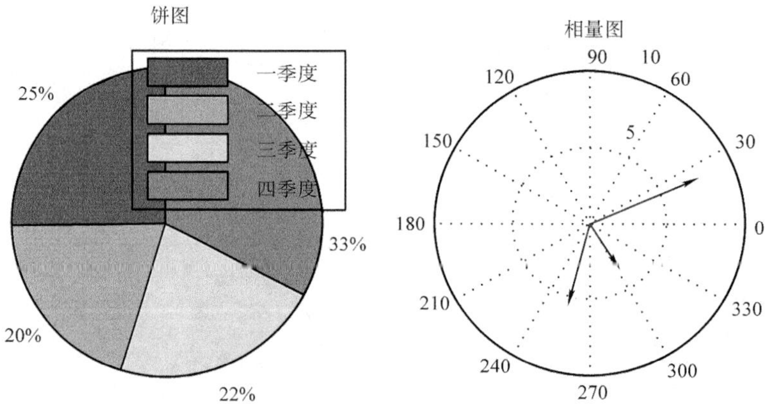

图 1-8 例 1-45 的运行结果

第二部分　信号分析与处理

实验一　连续信号的时域描述与运算

一、实验目的

1. 通过绘制典型信号的波形，了解这些信号的基本特征。
2. 通过绘制信号运算结果的波形，了解这些信号运算对信号所起的作用。

二、实验原理及方法

1. 基于 MATLAB 的信号描述方法

如果一个信号在连续时间范围内（除有限个间断点外）有定义，则称该信号为连续时间信号，简称为连续信号。从严格意义上讲，MATLAB 数值计算的方法并不能处理连续信号，但是可利用连续信号在等时间间隔点的采样值来近似表示连续信号，即当采样间隔足够小时，这些离散采样值能够被 MATLAB 处理，并且能较好地近似表示连续信号。

（1）向量表示法

对于连续时间信号 $f(t)$，可以定义两个行向量 f 和 t 来表示，其中向量 t 是形如 $t=t_1$: Δt: t_2 的 MATLAB 命令定义的时间范围向量，t_1 为信号起始时间，t_2 为终止时间，Δt 为时间间隔；向量 f 为连续时间信号 $f(t)$ 在向量 t 所定义的时间点上的采样值。例如对于连续正弦信号 $f(t)=\sin\left(\frac{\pi}{4}t\right)$，可以用向量表达式表示为：

```
t = -8:1:8;
y = sin(pi*t/4);
plot(t,y);
grid on
axis([-8 8 -1.1 1.1]);
```

绘制的信号波形如实验图 1-1 所示，当把时间间隔 Δt 取得更小（如 $\Delta t=0.01$）时，就可得到 $f(t)$ 较好的近似波形，如实验图 1-2 所示。

（2）符号运算表示法

如果信号可以用一个符号表达式来表示，则可用 ezplot 命令绘制出信号的波形。例如对于连续信号 $f(t)=\sin\left(\frac{\pi}{4}t\right)$，可以用符号表达式表示为：

```
f = sym('sin(pi/4 * t)');
ezplot(f,[ -8,8]);
```

该命令绘制的信号波形如实验图 1-3 所示。

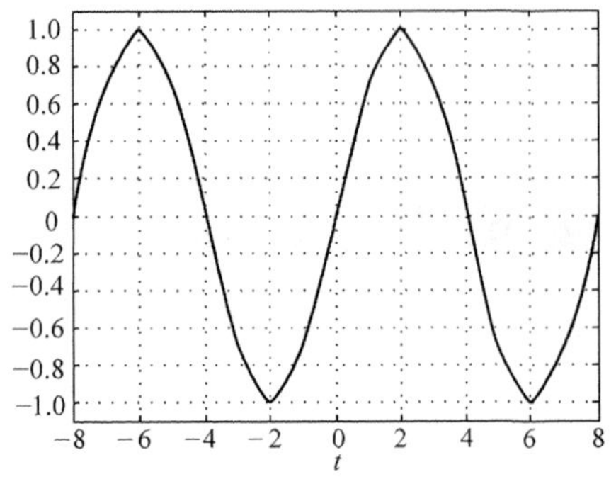

实验图 1-1　时间间隔为 1 时的信号波形

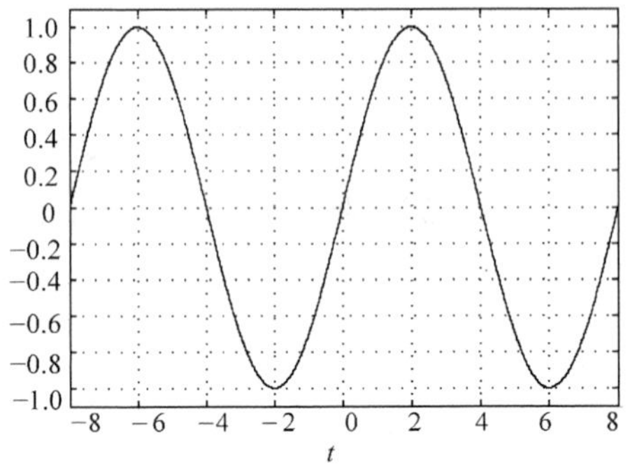

实验图 1-2　时间间隔为 0.01 时的信号波形

2. 常用连续信号的 MATLAB 表示

(1) 单位阶跃信号 $u(t)$

MATLAB 中用 Heaviside（ ）表示，如实验图 1-4 所示。

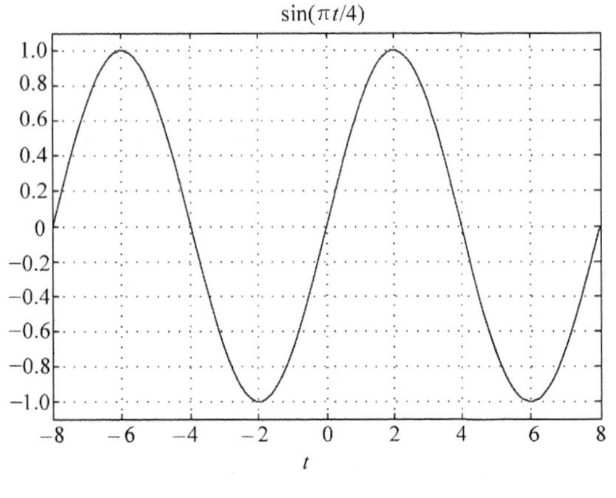

实验图 1-3　符号表示法绘制的信号波形

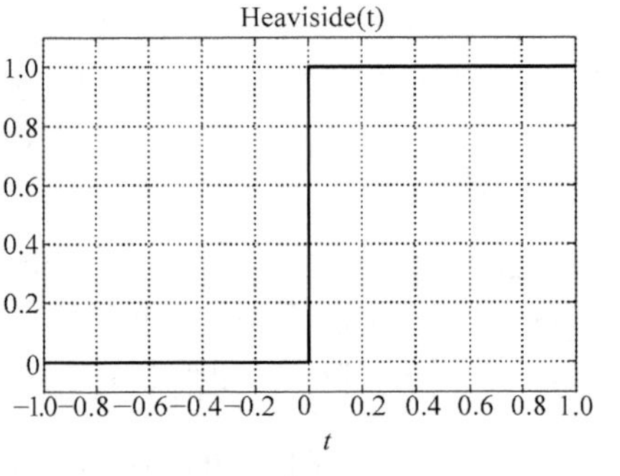

实验图 1-4　单位阶跃信号

MATLAB 源程序：

```
t = sym('t');
y = Heaviside(t);
ezplot(y,[ -1 1]);
grid on
axis([ -1 1  -0.1 1.1]);
```

(2) 单位冲激信号 $\delta(t)$

MATLAB 中用 Dirac（ ）表示，如实验图 1-5 所示。

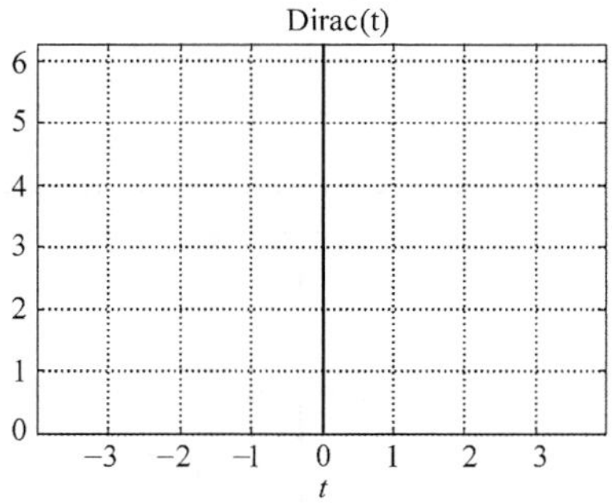

实验图 1-5　单位冲激信号

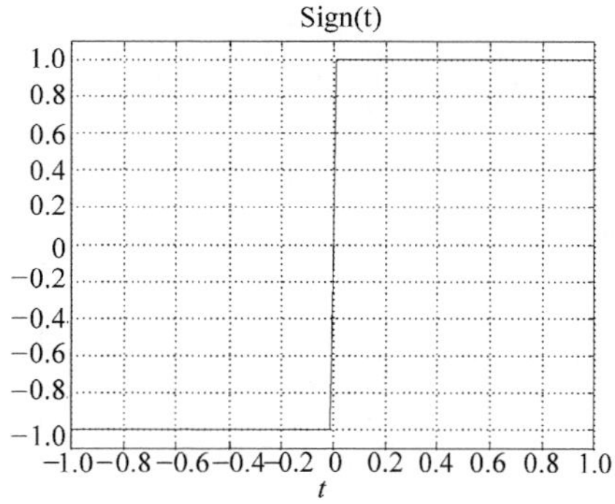

实验图 1-6　符号函数

MATLAB 源程序：

```
t= -1:0.01:1;
t=sym('t');
y=Dirac(t);
ezplot(y,t);
grid on
```

（3）符号函数 sgn(t)

MATLAB 中用 sign（ ）表示，如实验图 1-6 所示。

MATLAB 源程序：

```
t= -1:0.01:1;
y=sign(t);
plot(t,y);
grid on
axis([ -1 1  -1.1 1.1]);
```

（4）取样信号 Sa(t)

如实验图 1-7 所示。

MATLAB 源程序：

```
t= -10*pi:0.1:10*pi;
y=sinc(t/pi);
plot(t,y);
grid on
axis([ -10 10  -0.3 1.1]);
```

（5）门函数 $g_\tau(t)$

如实验图 1-8 所示。

运用 MATLAB 的内部函数 rectpuls，调用格式为：

```
y=rectpuls(t)          %产生幅度为1,门宽为1,对称中心在t=0的门函数
y=rectpuls(t,w)        %产生幅度为1,门宽为w,对称中心在t=0的门函数
y=rectpuls(t,t0,w)     %产生幅度为1,门宽为w,对称中心在t= t0的门函数
```

MATLAB 源程序：

```
t= -3:0.01:3;
```

```
f = rectpuls(t - 0.5,1);
plot(t,f);axis([-3 3 -0.1 1.1]);
grid on
```

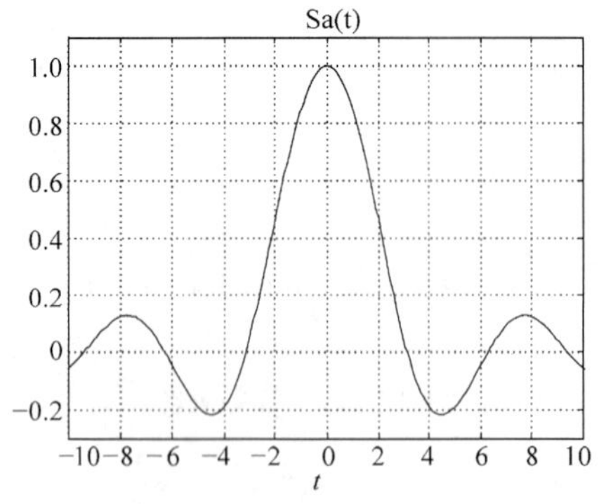

实验图 1-7　取样信号

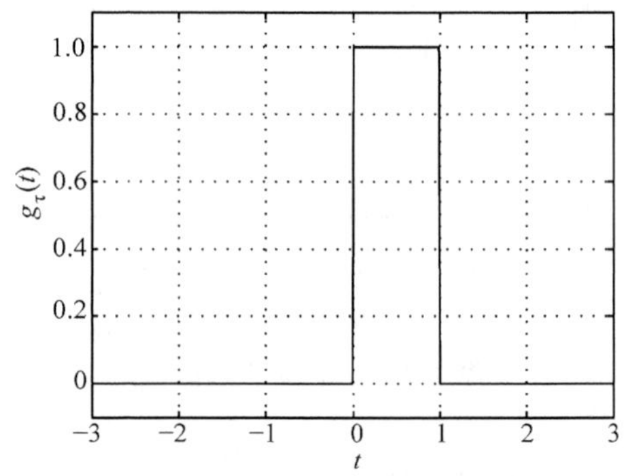

实验图 1-8　幅度为 1，门宽为 1，对称中心在 $t=0.5$ 的门函数

(6) 单位斜坡信号

单位斜坡信号的数学表达式为

$$r(t)=\begin{cases}t & (t>0)\\0 & (t\leqslant 0)\end{cases}$$

其波形如实验图 1-9 所示。

MATLAB 源程序：

```
t = -3:0.01:3;
f = t. * u(t);
plot(t,f);
axis([-3 3 -0.1 3.1]);
grid on
```

(7) 实指数信号

实指数信号的表达式为 $f(t)=Ae^{\alpha t}$，波形如实验图 1-10 所示。

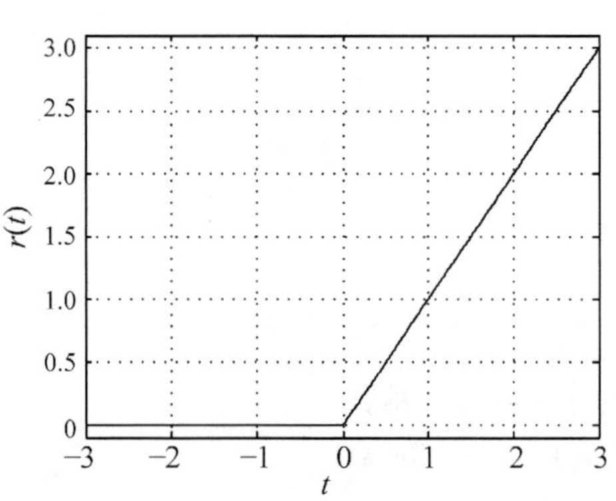

实验图 1-9　单位斜坡信号

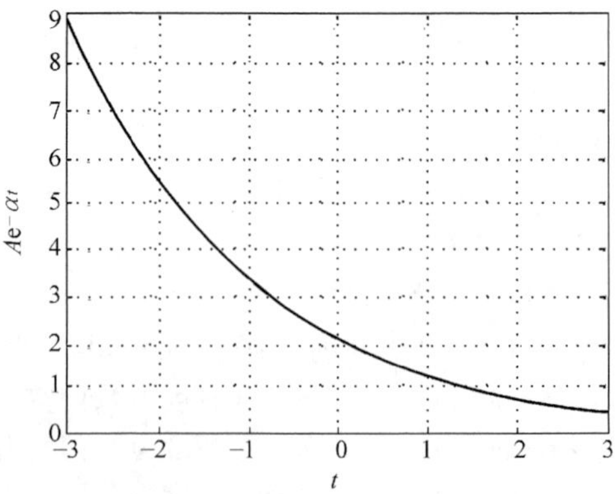

实验图 1-10　实指数信号

MATLAB 源程序：

```
t = -3:0.01:3;
A = 2;a = -0.5;
f = A.*exp(a*t);
plot(t,f);grid on
```

(8) 复指数信号

复指数信号的表达式为$f(t) = Ae^{st}$，其中$s = \sigma + j\omega$，因为信号是复数，必须用两幅来表示，又有两种方法：分实部和虚部表示、分模和相角表示。波形如实验图 1-11 所示。

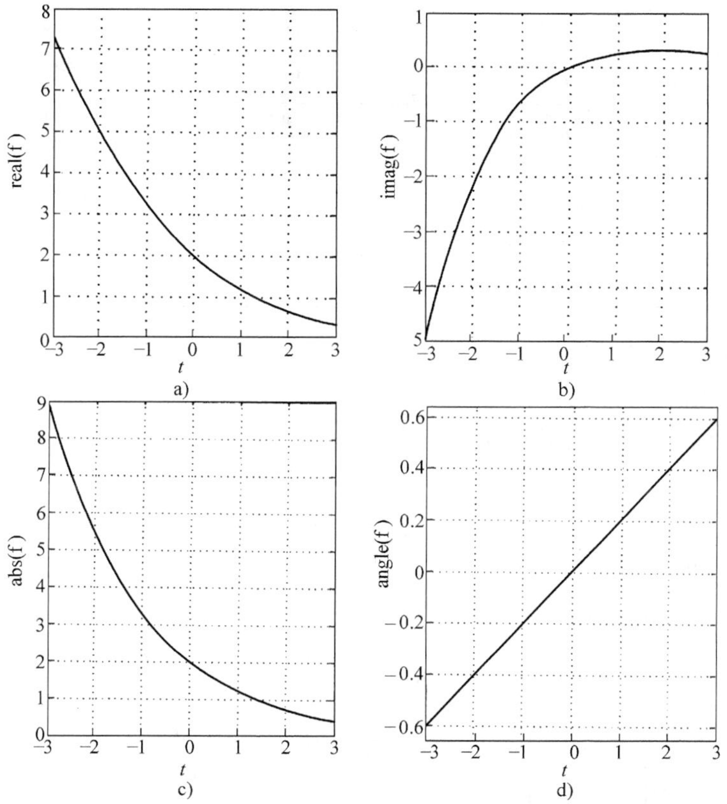

实验图 1-11　复指数信号

MATLAB 源程序：

```
t = -3:0.01:3;
A = 2;s = -0.5 + j*0.2;
f = A.*exp(s*t);
subplot(221)
plot(t,real(f));grid on
subplot(222)
plot(t,imag(f));grid on
subplot(223)
```

```
plot(t,abs(f));grid on
subplot(224)
plot(t,angle(f));grid on
```

（9）常用连续信号及其 MATLAB 表示如实验表 1-1 所示。

实验表 1-1　常用连续信号及其 MATLAB 函数

函　数　名	功　　能	函　数　名	功　　能
sin/sind	产生正弦信号	heaviside	产生单位阶跃信号
cos/cosd	产生余弦信号	chip	产生调频余弦信号
tan/tand	产生正切信号	diric	产生 diricchlet 或周期 sinc 信号
cot/cotd	产生余切信号	pulstran	产生脉冲串
asin/asind	产生反正弦信号	sawtooth	产生周期性锯齿波
acos/acosd	产生反余弦信号	square	产生周期性方波
atan/atand	产生反正切信号	rectpuls	产生非周期的方波
acot/acotd	产生反余切信号	tripuls	产生非周期的三角波
exp	产生指数信号	sinc	产生 sinc 或 sin(πt)/(πt)信号波形
dirac	产生单位冲激信号		

3. 连续信号的基本运算

（1）　信号的相加与相乘

已知信号$f_1(t)$、$f_2(t)$,信号相加和相乘记为

$$f(t)=f_1(t)+f_2(t)$$

$$f(t)=f_1(t)\cdot f_2(t)$$

信号及信号相加、相乘后的波形如实验图 1-12 所示。

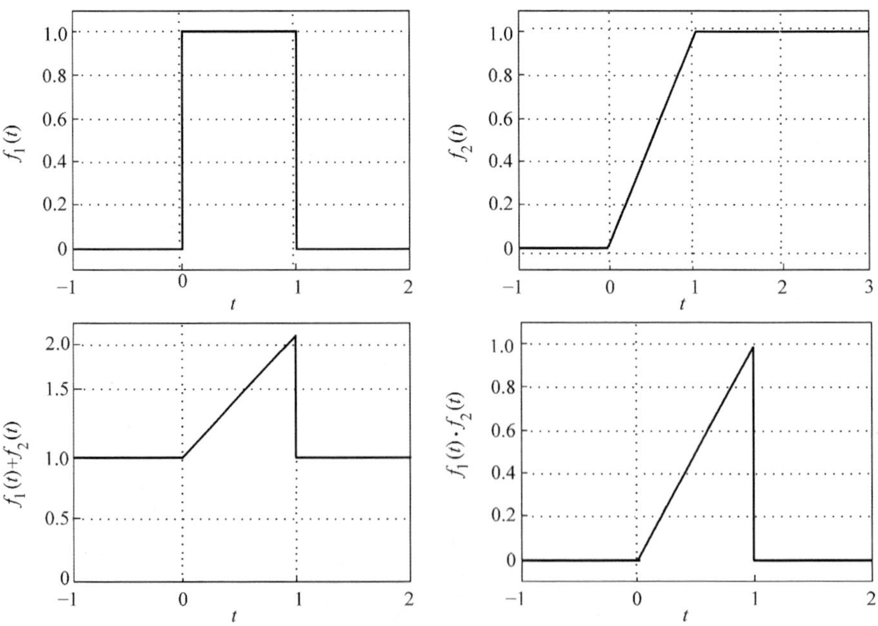

实验图 1-12　信号及信号相加、相乘的波形

MATLAB 源程序：

```
t = 0:0.01:3;
f1 = u(t) - u(t - 1);
f2 = t. * (u(t) - u(t - 1)) + u(t - 1);
subplot(221);
plot(t,f1);grid on
subplot(222);
plot(t,f2);grid on
subplot(223);
plot(t,f1 + f2);grid on
subplot(224);
plot(t,f1. * f2);grid on
```

（2）信号的微分与积分

对于连续时间信号，其微分运算是用 diff 函数来完成的。其语句格式为：

diff(function,'variable',n);

其中 function 表示需要进行求导运算的信号，或者被赋值的符号表达式；variable 为求导运算的独立变量；n 为求导的阶数，默认值为求一阶导数。

连续信号的积分运算用 int 函数来完成。其语句格式为：

int(function,'variable',a,b);

其中 function 表示被积信号，或者被赋值的符号表达式；variable 为积分变量；a，b 为积分上、下限，a 和 b 省略时求不定积分。

对实验图 1-12 中的信号 $f_2(t)$ 求微分，其波形如实验图 1-13 所示；对实验图 1-12 中的信号 $f_1(t)$ 求积分，其波形如实验图 1-14 所示。

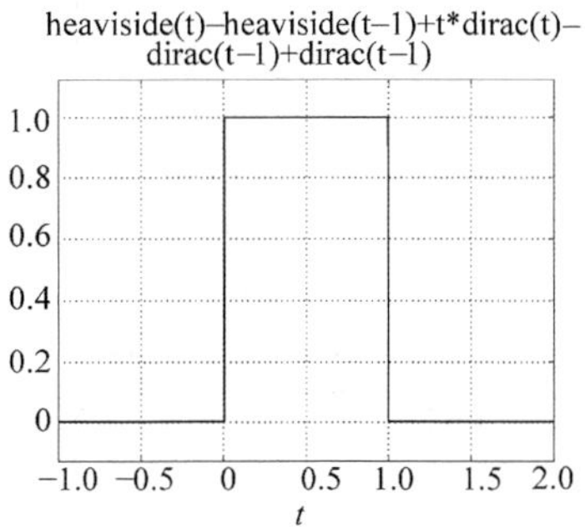

实验图 1-13　信号的微分

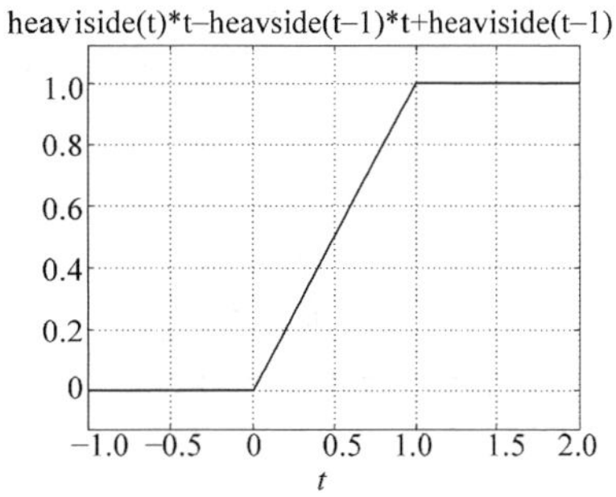

实验图 1-14　信号的积分

MATLAB 源程序：

```
syms t f2;
f2 = t * (heaviside(t) - heaviside(t - 1)) + heaviside(t - 1);
f = diff(f2,'t',1);
t = -1:0.01:2;
ezplot(f,t);
grid on
```

MATLAB 源程序:

```
syms t f1;
f1 = heaviside(t) - heaviside(t - 1);
f = int(f1,'t');
t = -1:0.01:2;
ezplot(f,t);
grid on
```

(3) 信号的平移和反转

实验图 1-15 给出了信号$f(t)=t\cdot[u(t)-u(t-1)]$平移、反转以及平移加反转的波形。值得注意的是，平移或反转一个信号$f(t)$ 并不会改变它的面积或能量。

M 函数:

```
function f = initialsignal(t);
f = t. * (u(t) - u(t - 1));
```

MATLAB 源程序:

```
t = -2:0.01:2;
f = initialsignal(t);
f1 = initialsignal(t + 1);
f2 = initialsignal(t - 1);
f3 = initialsignal( - t);
f4 = initialsignal( - t + 1);
f5 = initialsignal( - t - 1);
```

省略画图函数。

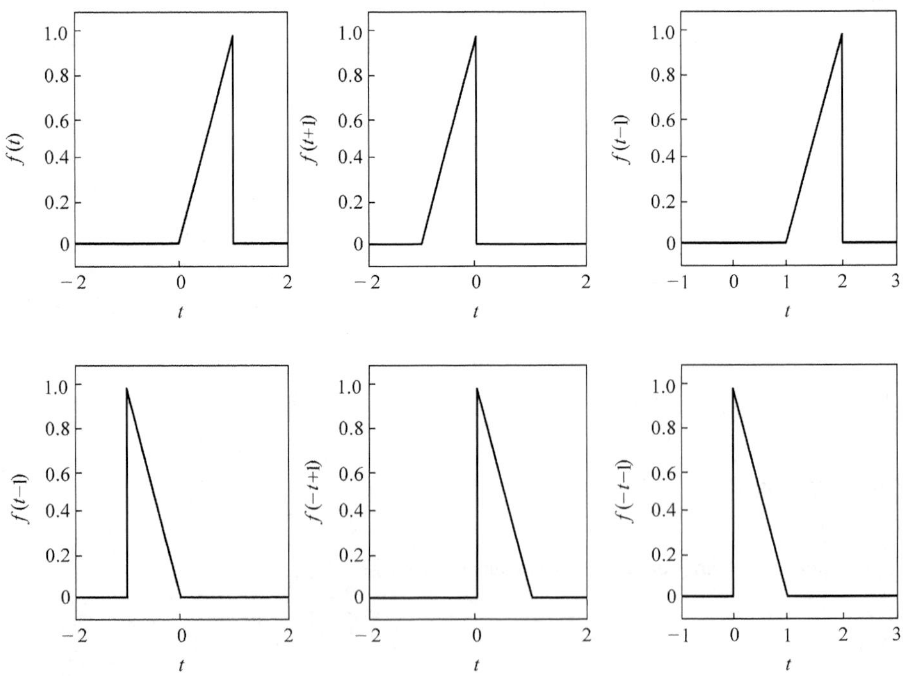

实验图 1-15　信号$f(t)=t\cdot[u(t)-u(t-1)]$平移、反转以及平移加反转的波形

（4）信号的尺度变换

信号的尺度变换是对信号$f(t)$ 在时间轴上变化，可使信号压缩或扩展。实验图 1-16 给出了信号$f(t)=t\cdot[u(t)-u(t-1)]+[u(t-1)-u(t-2)]$及其压缩 2 倍的波形$f(2t)$和扩展 2 倍的波形$f\left(\frac{1}{2}t\right)$。

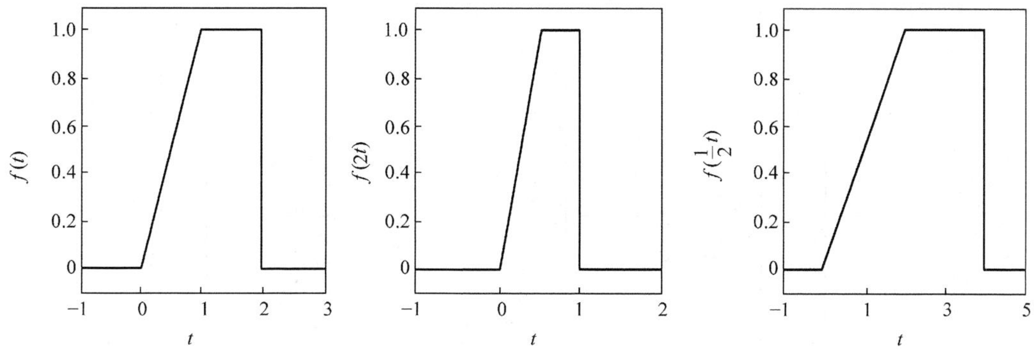

实验图 1-16　信号$f(t)$、$f(2t)$ 和$f\left(\frac{1}{2}t\right)$的波形

M 函数：

```
function f = initialsignal(t);
f=t. *(u(t) -u(t-1)) +(u(t-1) -u(t-2));
```

MATLAB 源程序：

```
t= -1:0.01:5;
f = initialsignal(t);
f1 = initialsignal(2 * t);
f2 = initialsignal(0.5 * t);
```

省略画图函数。

把平移、反转和尺度变换 3 种运算结合起来，由实验图 1-16 中的$f(t)$ 绘出$f(-2t+2)$的方法就有多种，在图 1-17 中显示出了其中的 2 种方法：

1）平移$f(t+2)\rightarrow$压缩$f(2t+2)\rightarrow$反转$f(-2t+2)$。

2）压缩$f(2t)\rightarrow$反转$f(-2t)\rightarrow$平移$f[-2(t-1)]$。

MATLAB 源程序：

```
t= -3:0.01:3;
f = initialsignal(t);
f1 = initialsignal(t+2);
f2 = initialsignal(2 * t+2);
f3 = initialsignal(2 * t);
f4 = initialsignal( -2 * t);
f5 = initialsignal( -2 * t+2);
```

省略画图函数。

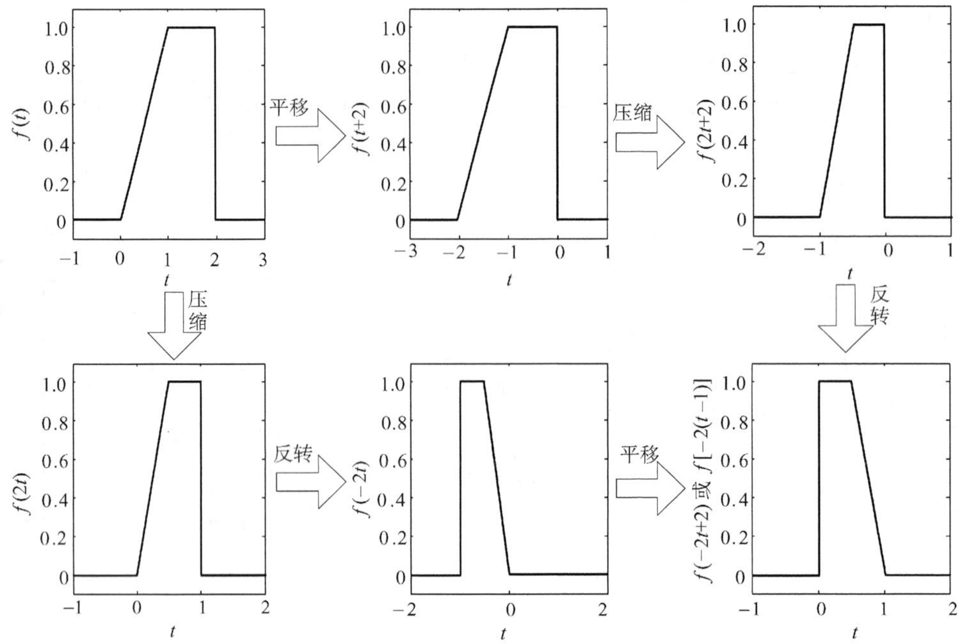

实验图 1-17　由 $f(t)$ 到 $f(-2t+2)$ 的两种方法

（5）信号分解为偶分量 $f_e(t)$ 与奇分量 $f_o(t)$ 之和

设 $f_e(t)$ 表示信号 $f(t)$ 的偶分量，$f_o(t)$ 表示信号 $f(t)$ 的奇分量，则有

$$f(t)=f_e(t)+f_o(t)$$

其中

$$f_e(t)=\frac{1}{2}[f(t)+f(-t)]$$

$$f_o(t)=\frac{1}{2}[f(t)-f(-t)]$$

信号 $f_1(t)$、$f_2(t)$ 以及它们的奇分量和偶分量的波形如实验图 1-18 所示。

MATLAB 源程序：

```
t = -2:0.01:2;
f1 = (0.2*t+1).*(u(t+1)-u(t-1));
f2 = sin(pi*t).*(u(t)-u(t-1));
f1e = 0.5*(f1+fliplr(f1));
f1o = 0.5*(f1-fliplr(f1));
f2e = 0.5*(f2+fliplr(f2));
f2o = 0.5*(f2-fliplr(f2));
```

省略画图函数。

（6）卷积积分

卷积积分是信号与系统时域分析的重要方法之一。连续信号的卷积积分定义为

$$f(t)=f_1(t)*f_2(t)=\int_{-\infty}^{\infty}f_1(\tau)f_2(t-\tau)\mathrm{d}\tau$$

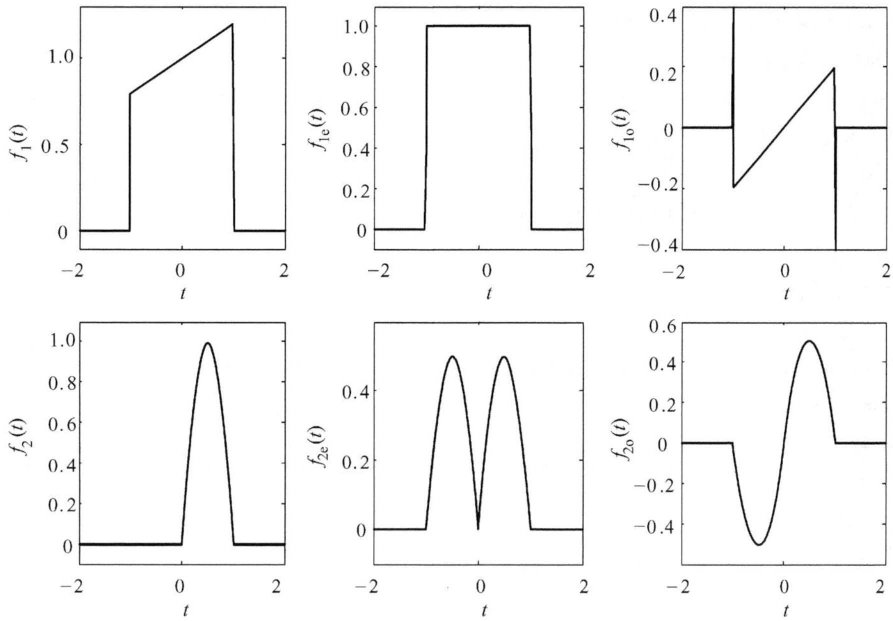

实验图 1-18　信号及信号的奇分量和偶分量

MATLAB 进行卷积积分可以通过符号运算和数值计算两种方法实现。符号运算从卷积积分的定义出发，利用 int 函数，但要注意积分变量和积分限的选取；数值计算是根据连续信号可以用采样间隔足够小的离散值来近似的思想，调用 conv（）函数近似地求解连续信号的卷积积分。下面计算 $f(t)=f_1(t)*f_2(t)=[u(t)-u(t-1)]*[u(t)-u(t-1)]$，运算结果如实验图 1-19 所示。

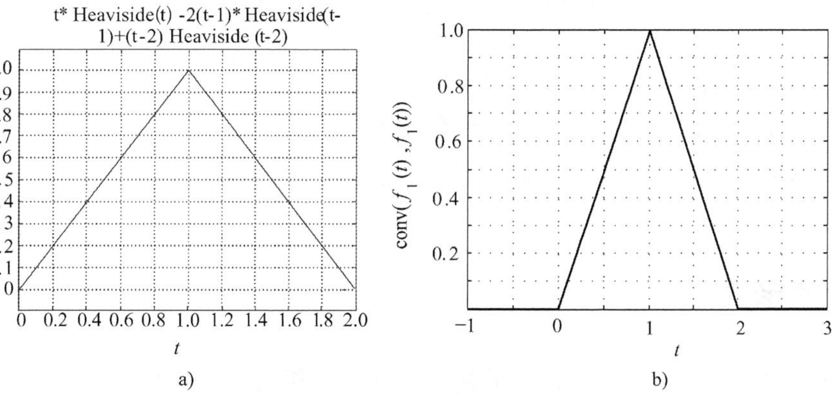

a)　　　　　　　　b)

实验图 1-19　卷积积分运算结果

a）符号运算计算结果　b）数值计算计算结果

MATLAB 源程序（符号运算方法）：

```
syms tao;
t = sym('t','positive');
ft1 = sym('Heaviside(t) - Heaviside(t-1)');
ft2 = sym('Heaviside(t) - Heaviside(t-1)');
```

```
ft _ tao = subs(ft1,t,tao) * subs(ft2,t,t - tao);
ft = int(ft _ tao,tao,0,t);
ft = simplify(ft);
ezplot(ft,[0 2]);
grid on
```

MATLAB 源程序（数值计算方法）

```
T =0.01;
t = -1:T:3;
f1 =u(t) -u(t-1);
f = T * conv(f1,f1); % 运用 conv()求连续信号的卷积积分时,一定要乘以采样间隔才能得到正确结果
tmin = -2;
tmax =6;
t1 = tmin:0.01:tmax;
plot(t1,f);
grid on
function f = u(t);
f = (t> =0);
```

三、实验内容及步骤

1. 上机实验前，认真阅读实验原理，掌握信号表示和信号运算的方法。

2. 利用 MATLAB 命令画出下列连续信号的波形图。

（1）$(2-e^{-t})\ u\ (t)$　　（2）$u\ (\cos t)$

（3）产生幅度为 1、周期为 1、占空比为 0.5 的周期矩形信号。

3. 已知$f(t)$ 的波形如实验图 1-20 所示，作出$f(t)+f(t)$、$f(t)\cdot f(t)$、$f(t)$的微分、$f(t)$的积分、$f(3-4t)$、$f(1-t/1.5)$以及$f(t)*f(3-4t)$的波形，并作出$f(t)$ 的奇、偶分量。

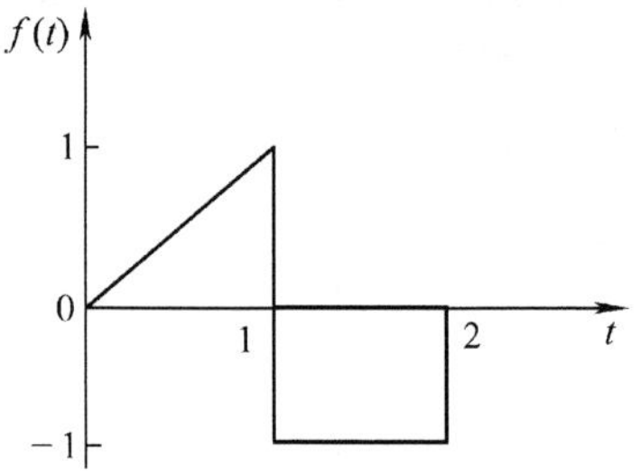

实验图 1-20

四、思考题

1. 讨论$f(t+t_0)$ 与$f(-t+t_0)$ 平移的方向是否相同？为什么？

2. 将信号$f(t)$ 变成$f(-2t+4)$ 共有多少种方法，请列举出来。

五、实验报告要求

1. 简述实验目的和实验原理。

2. 编程实现实验内容，要求附上源程序。

3. 总结实验中的主要结论、收获和体会。

实验二　离散信号的时域描述与运算

一、实验目的

1. 掌握常用时域离散信号的 MATLAB 表示方法。

2. 掌握离散信号的基本运算，包括信号相加与相乘、平移、反转、尺度变换、差分与累加和、能量、功率、卷积和等。

二、实验原理及方法

离散时间信号是指在离散时刻才有定义的信号，简称离散信号或者序列。离散信号的绘制一般用 stem 函数，MATLAB 只能表示一定时间范围内有限长度的序列，而对于无限长序列，只能在一定范围内表示出来。

1. 常用离散信号的 MATLAB 表示

(1) 单位阶跃序列 $u(n)$

如实验图 2-1 所示。

MATLAB 源程序：

```
n = -3:5;
x = u(n);
stem(n,x,'fill');xlabel('n');grid on
axis([-3 5 -0.1 1.1]);
function f = u(n);
f = (n >=0);
```

(2) 单位序列 $\delta(n)$

如实验图 2-2 所示。

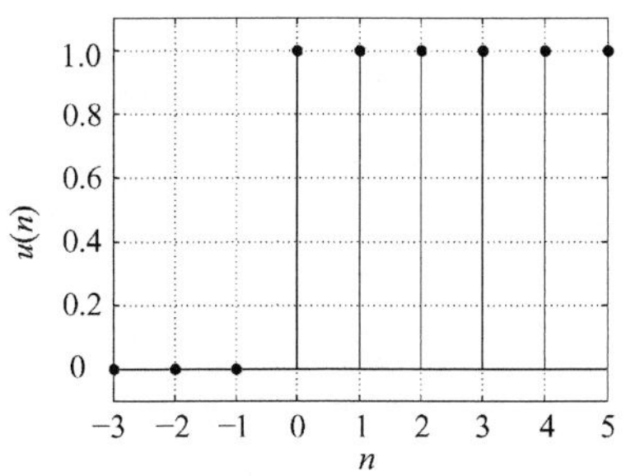

实验图 2-1　单位阶跃序列

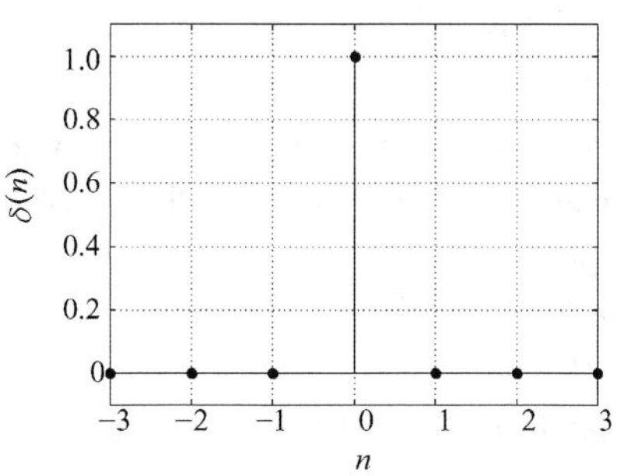

实验图 2-2　单位序列

MATLAB 源程序：

```
n = -3:3;
x = delta(n);
stem(n,x,'fill');xlabel('n');grid on
axis([ -3 3  -0.1 1.1]);
function f = delta(n);
f = (n==0);
```

(3) 矩形序列 $R_N(n)$

如实验图 2-3 所示。

MATLAB 源程序：

```
n = -2:8;
x = u(n) - u(n-4);
stem(n,x,'fill');xlabel('n');grid on
axis([ -2 8  -0.1 1.1]);
```

(4) 单边指数序列 $f(n) = a^n u(n)$

如实验图 2-4 所示。

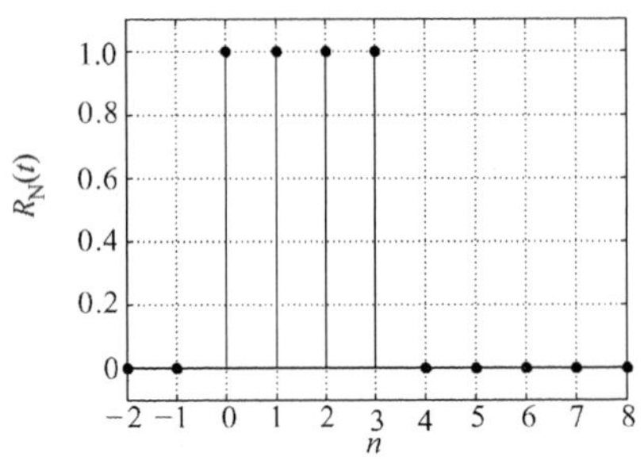

实验图 2-3　矩形序列（$N=4$）

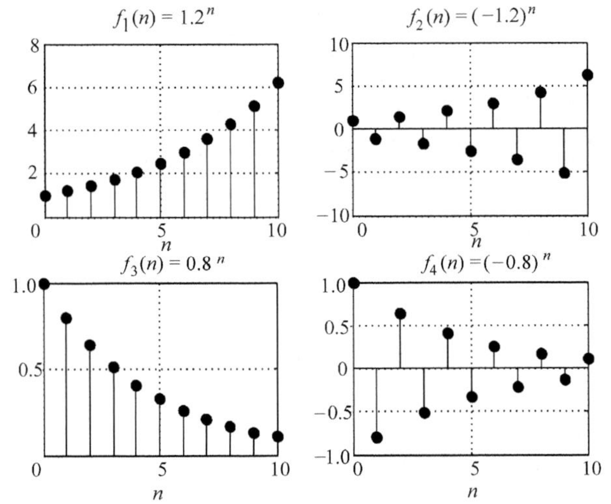

实验图 2-4　单边指数序列

MATLAB 源程序：

```
n = 0:10;
a1 = 1.2;a2 = -1.2;a3 = 0.8;a4 = -0.8;
f1 = a1.^n;f2 = a2.^n;f3 = a3.^n;f4 = a4.^n;
subplot(221)
stem(n,f1,'fill');xlabel('n');grid on
subplot(222)
stem(n,f2,'fill');xlabel('n');grid on
subplot(223)
stem(n,f3,'fill');xlabel('n');grid on
subplot(224)
```

```
stem(n,f4,'fill');xlabel('n');grid on
```

从实验图2-4 可知，当$|a|>1$时，单边指数序列发散；当$|a|<1$时，序列收敛；当$a>0$时，序列取正值；当$a<0$时，序列在正、负之间摆动。

（5）正弦序列$f(n)=\sin(n\omega_0+\varphi)$

如实验图2-5 所示。

MATLAB 源程序：

```
n=0:39;
f=sin(pi/5*n);
stem(n,f,'fill');xlabel('n');grid on
axis([0 40 -1.2 1.2]);
```

其中，ω_0是正弦序列的数字域频率，φ为初相位。与连续的正弦信号不同，正弦序列的自变量n必须是整数，同时只有当$2\pi/\omega_0$为有理数时，正弦序列才具有周期性。

（6）复指数序列$f(n)=e^{(a+j\omega_0)n}$

如实验图2-6 所示。

MATLAB 源程序：

```
n=0:30;A=2;a=-0.1;b=pi/5;
f=A*exp((a+j*b)*n);subplot(221)
stem(n,real(f),'fill');xlabel('n');grid on
axis([0 30 -2 2]);subplot(222)
stem(n,imag(f),'fill');xlabel('n');grid on
axis([0 30 -2 2]);subplot(223)
stem(n,abs(f),'fill');xlabel('n');grid on
axis([0 30 0 2]);subplot(224)
stem(n,angle(f),'fill');xlabel('n');grid on
axis([0 30 -4 4]);
```

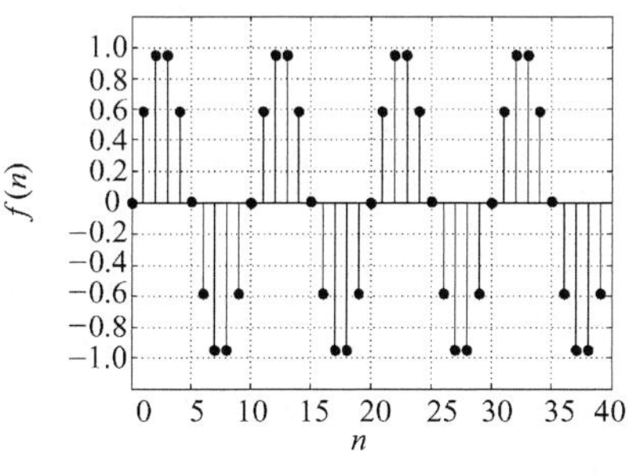

实验图2-5　正弦序列

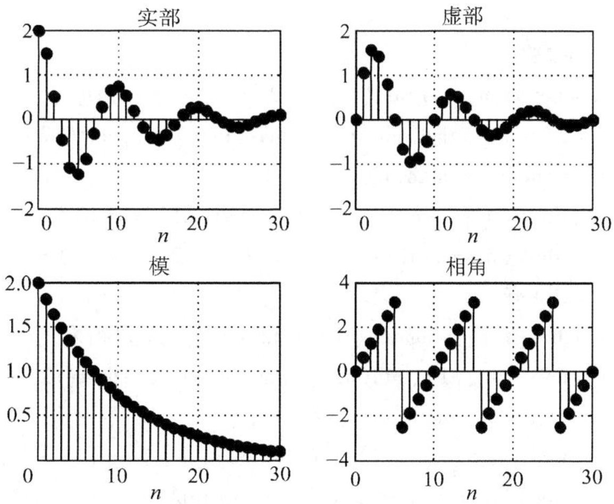

实验图2-6　复指数序列

将复指数序列的实部和虚部的波形分开讨论，可得如下结论：

- 当$a>0$时，复指数序列的实部和虚部分别是按指数规律增长的正弦振荡序列；

• 当 $a<0$ 时，复指数序列的实部和虚部分别是按指数规律衰减的正弦振荡序列；

• 当 $a=0$ 时，复指数序列即为虚指数序列，其实部和虚部分别是等幅的正弦振荡序列。

2. 离散信号的基本运算

（1）序列的相加与相乘

序列 $f_1(n)$、$f_2(n)$ 相加和相乘记为

$$f(n)=f_1(n)+f_2(n)$$

$$f(n)=f_1(n)\cdot f_2(n)$$

例如，序列 $f_1(n)=u(n)-u(n-4)$、$f_2(n)=2^{-n}$ 的波形，及其相加和相乘后的波形如实验图 2-7 所示。

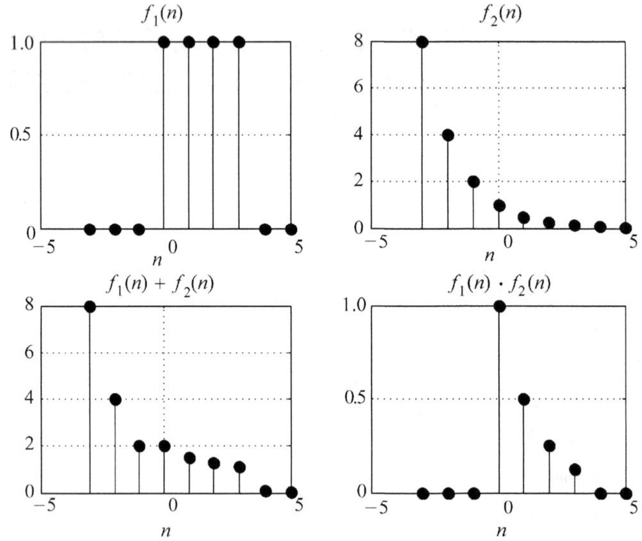

实验图 2-7 序列及序列相加和相乘

M 函数：

```
function[f,n] = sigadd(f1,n1,f2,n2);% 序列相加
n = min(min(n1),min(n2)):max(max(n1),max(n2));
x1 = zeros(1,length(n));x2 = x1;
x1(find((n >= min(n1))&(n <= max(n1)) == 1)) = f1;
x2(find((n >= min(n2))&(n <= max(n2)) == 1)) = f2;
f = x1 + x2;
function[f,n] = sigmult(f1,n1,f2,n2);% 序列相乘
n = min(min(n1),min(n2)):max(max(n1),max(n2));
x1 = zeros(1,length(n));x2 = x1;
x1(find((n >= min(n1))&(n <= max(n1)) == 1)) = f1;
x2(find((n >= min(n2))&(n <= max(n2)) == 1)) = f2;
f = x1. * x2;
```

MATLAB 源程序：

```
n1 = -5:5;
f1 = u(n1) - u(n1 -4);
```

```
n2 = -3:5;
f2 = 2.^(-n2);
[f3 n3] = sigadd(f1,n1,f2,n2);
[f4 n4] = sigadd(f1,n1,f2,n2);
```

省略画图函数。

（2）序列的平移、反转和尺度变换

序列的平移、反转在 MATLAB 中的实现同连续信号，可以用变量替换来实现，同时序列的反转还可以用 MATLAB 中的函数 fliplr（）。特别值得一提的是，序列的尺度变换是由序列$f(n)$得到$f(an)$，对应着抽取和插值。当$|a|>1$，每隔$(|a|-1)$个序列值抽取一个值；当$|a|<1$，每两个序列值之间插入$(1/|a|-1)$个零值。

MATLAB 源程序：

```
%插值
clf;
n = 0:50;
x = sin(2*pi*0.12*n);
y = zeros(1,3*length(x));%插零值
y([1:3:length(y)]) = x;
subplot(211)
stem(n,x,'.');
subplot(212)
m = 0:3*length(x)-1;
stem(m,y,'.');
```

结果如实验图 2-8 所示。

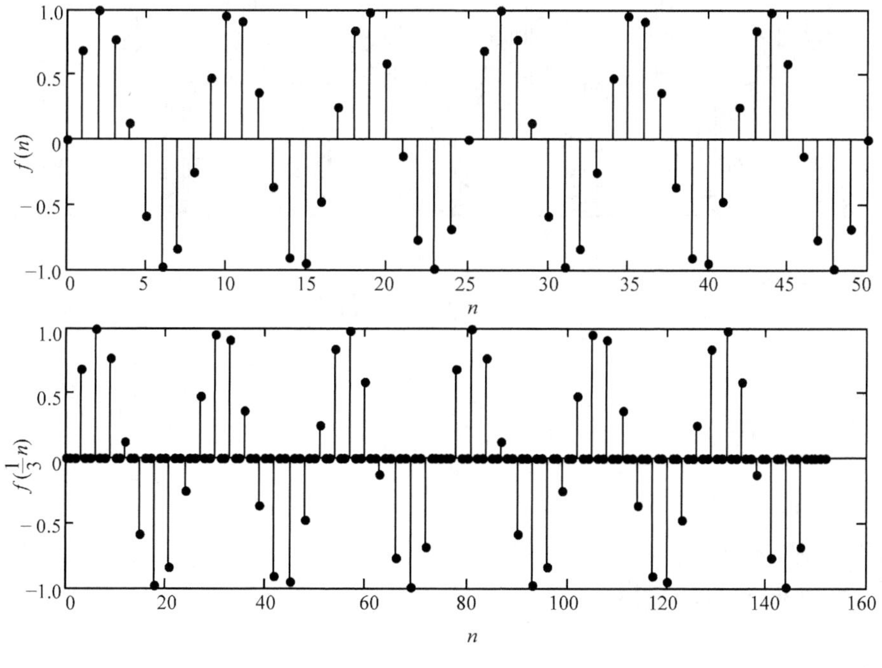

实验图 2-8　序列插零值的波形

或者:

```
clf;
L = input(' input the interp number L,L =');
n =0:49;
x = sin(2 * pi * 0.12 * n);
y = interp(x,L);% 线性插值
subplot(211)
stem(n,x,'.');
subplot(212)
m =0:50 * L - 1;
stem(m,y(1:50 * L),'.');
```

结果如实验图 2-9 所示。

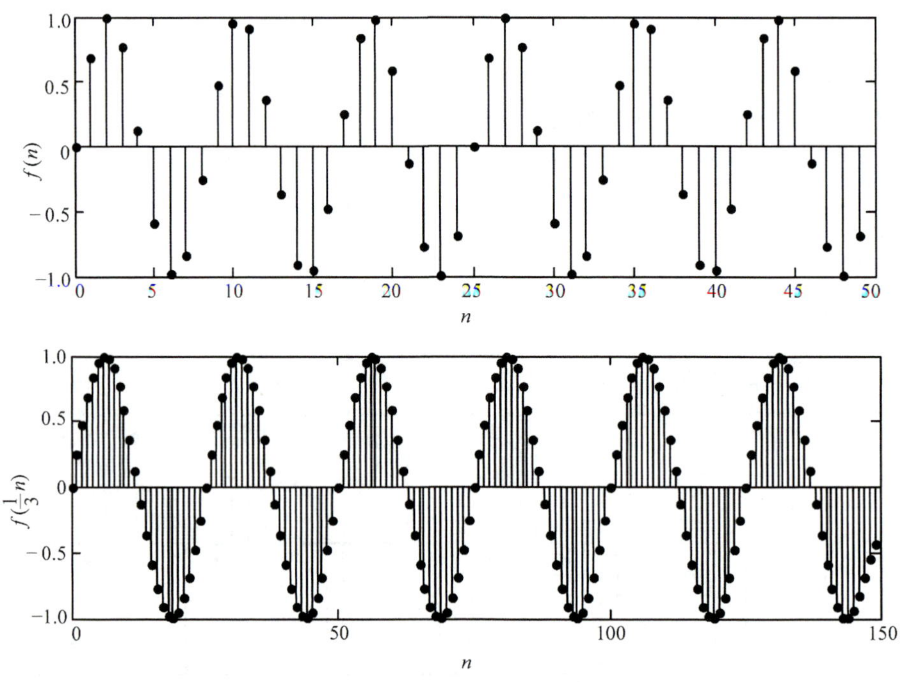

实验图 2-9　序列线性插值的波形

或者:

```
clf;
n =0:49;
m =0:3 * 50 - 1;
x = sin(2 * pi * 0.042 * n);
y = x([1:3:length(x)]);% 抽取
subplot(211)
stem(n,x,'.');
subplot(212)
```

```
stem(y,'. ');
```

或者：

```
clf;
M = input('input the decimate number M,M =');
n =0:49;
x = sin(2 * pi * 0.042 * n);
y = decimate(x,M);% 抽取
subplot(211)
stem(n,x,'. ');
subplot(212)
m =0:(50/M) -1;
stem(m,y(1:50/M),'. ');
```

这两种方法得到的结果一致，如实验图 2-10 所示。

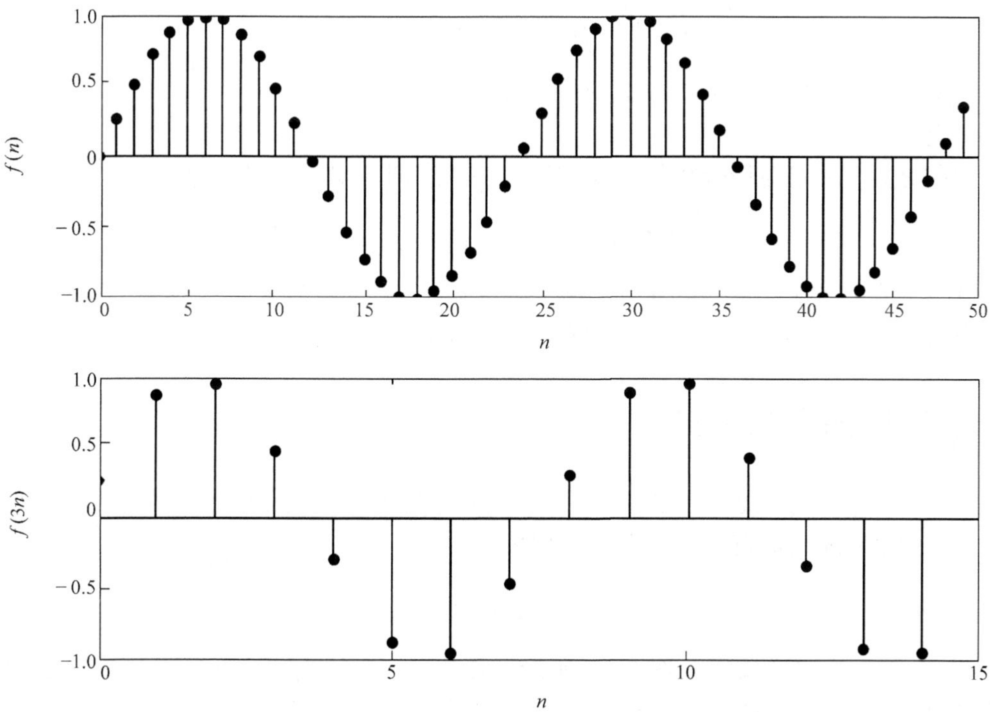

实验图 2-10　序列抽取的波形

（3）序列的差分与累加和

序列的差分分为前向差分和后向差分，一阶前向差分定义为

$$\Delta f(n) = f(n+1) - f(n)$$

一阶后向差分定义为

$$\nabla f(n) = f(n) - f(n-1)$$

累加和定义为

$$y(n) = \sum_{i=-\infty}^{n} f(i)$$

序列的前向差分、后向差分在 MATLAB 中直接根据定义式来实现。累加和由函数 sum(f(n1:n2))来实现，计算从 $n1$ 到 $n2$ 的累加和。

(4) 信号能量

序列$f(n)$的能量计算公式为

$$E = \sum_{-\infty}^{\infty} f(n)f^*(n) = \sum_{-\infty}^{\infty} |f(n)|^2$$

在 MATLAB 中有两种方法实现。

方法一：E = sum(x. * conj(x))。

方法二：E = sum(abs(x). ^2)。

(5) 信号功率

序列$f(n)$的功率计算公式为

$$P = \lim_{N\to\infty} \frac{1}{N} \sum_{n=0}^{N-1} |f(n)|^2$$

在 MATLAB 中的实现只需在上述两种方法的前面乘以 $1/N$。

(6) 卷积和

卷积和是离散系统时域分析的重要方法之一。序列卷积和的定义为

$$f(n) = \sum_{i=-\infty}^{+\infty} f_1(i)f_2(n-i) = f_1(n) * f_2(n)$$

MATLAB 求离散时间信号卷积和的命令为 conv。用 MATLAB 进行卷积和运算时，无法实现无限的累加，只能计算时限信号的卷积和。同时应注意序列长度的变化。

三、实验内容及步骤

1. 上机实验前，认真阅读实验原理，掌握序列表示和运算的方法。
2. 利用 MATLAB 命令画出下列序列的波形图。

(1) $(2-0.5^{-n})u(n)$　　　　(2) $\left(\frac{3}{2}\right)^n \sin\frac{n\pi}{5}$

3. 已知$f(n)$的波形如实验图 2-11 所示，作出$f(n)$的一阶后向差分、$f(n)$的累加和、$f(3-2n)$以及$f(n)*f(3-2n)$的波形。

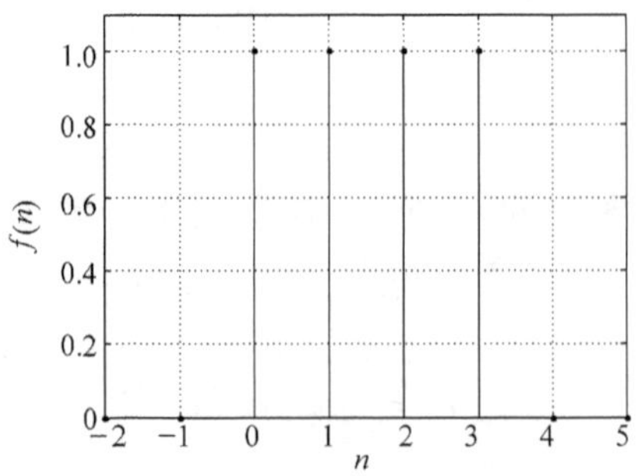

实验图 2-11　序列$f(n)$的波形

四、思考题

1. 常用的连续时间信号和离散时间信号有哪些相同点？有哪些不同点？
2. 连续信号的基本运算和离散信号的基本运算有哪些相同点？有哪些不同点？

五、实验报告要求

1. 简述实验目的和实验原理。
2. 编程实现实验内容，要求附上源程序。
3. 总结实验中的主要结论、收获和体会。

实验三　连续信号的频域分析

一、实验目的

1. 掌握周期信号的频谱分析方法——傅里叶级数及其物理意义。
2. 深入理解信号频谱的概念，掌握典型信号的频谱以及 Fourier 变换的主要性质。

二、实验原理及方法

在“信号与系统”课程中详细讨论了信号的 Fourier 分析方法，包括周期信号的频谱分析——Fourier 级数和非周期信号的频谱分析——Fourier 变换的理论。

1. 周期信号的三角形式的傅里叶级数

由 Fourier 级数的理论可知：任何周期信号只要满足 Dirichlet 条件就可以分解成许多指数分量之和（指数 Fourier 级数）或直流分量及许多正弦、余弦分量之和，即

$$f(t) = \frac{a_0}{2} + \sum_{n=1}^{\infty}(a_n\cos n\Omega_0 t + b_n\sin n\Omega_0 t) = \frac{A_0}{2} + \sum_{n=1}^{\infty}A_n\cos(n\Omega_0 t + \varphi_n) \tag{3-1}$$

其中，$\frac{A_0}{2}$为直流分量，是信号$f(t)$在一个周期内的平均值；$A_n\cos(n\Omega_0 t + \varphi_n)$为 n 次谐波。一般来说，任意周期信号表示为 Fourier 级数时需要无限多项才能完全逼近原信号。但在实际应用中，经常采用有限项级数来代替无限项级数，即用式（3-2）来逼近$f(t)$

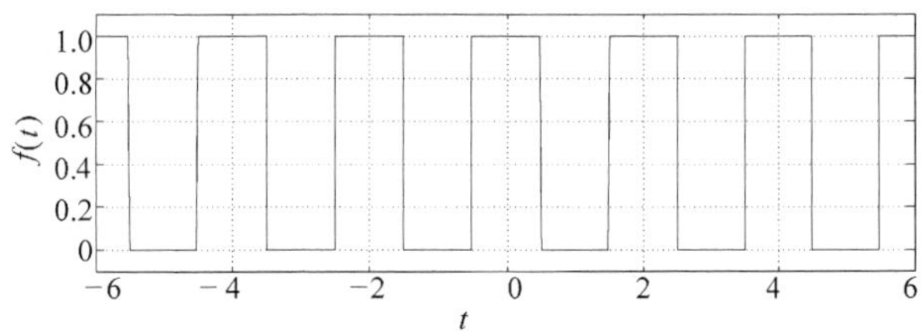

实验图 3-1　周期为 2 的矩形信号

$$f_N(t) = \frac{A_0}{2} + \sum_{n=1}^{N}A_n\cos(n\Omega_0 t + \varphi_n) \tag{3-2}$$

显然，所选项数越多，有限项级数越逼近原信号，其方均误差越小。

如实验图 3-1 所示周期为 2 的矩形脉冲，其信号达式为

$$f(t) = \begin{cases} 1 & -0.5 < t < 0.5 \\ 0 & -1 < t < -0.5, 0.5 < t < 1 \end{cases}$$

$$a_0 = \frac{2}{T}\int_0^T f(t)\,\mathrm{d}t = 2\int_0^{0.5}\mathrm{d}t = 1$$

$$a_n = \frac{2}{T}\int_0^T f(t)\cos(n\Omega_0 t)\,\mathrm{d}t = 2\int_0^{0.5}\cos(n\Omega_0 t)\,\mathrm{d}t = \frac{2}{n\pi}\sin\left(\frac{n\pi}{2}\right)$$

$$b_n = \frac{2}{T}\int_0^T f(t)\sin(n\Omega_0 t)\,\mathrm{d}t = 0$$

$$f(t) = \frac{1}{2} + \sum_{n=1}^{\infty}\frac{2}{n\pi}\sin\left(\frac{n\pi}{2}\right)\cos(n\Omega_0 t)$$

对一定的周期 T，实验图 3-2 说明取不同项数（即谐波次数）时，有限项级数 $f_N(t)$ 逼近信号 $f(t)$ 的情况。

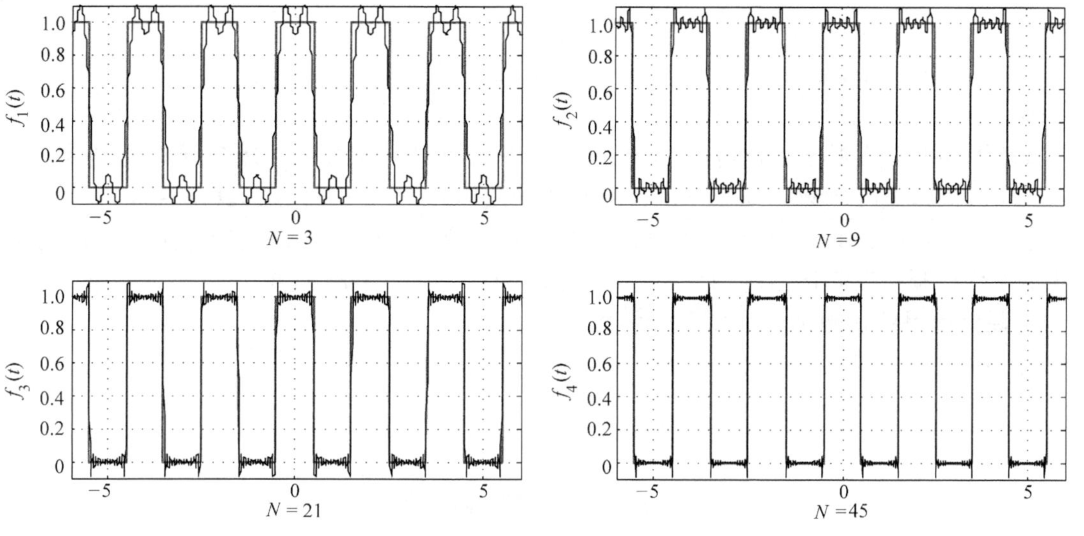

实验图 3-2 傅里叶级数的合成波形

MATLAB 源程序：

```
t = -6:0.01:6;
d = -6:2:6;
fxx = pulstran(t,d,'rectpuls');
f1 = fourierseries(3,t);
f2 = fourierseries(9,t);
f3 = fourierseries(21,t);
f4 = fourierseries(45,t);
subplot(221)
plot(t,fxx,'r',t,f1,'b');
grid on
axis([-6 6 -0.1 1.1]);
subplot(222)
plot(t,fxx,'r',t,f2,'b');
grid on
axis([-6 6 -0.1 1.1]);
subplot(223)
plot(t,fxx,'r',t,f3,'b');
grid on
axis([-6 6 -0.1 1.1]);
```

```
subplot(224)
plot(t,fxx,'r',t,f4,'b');
grid on
axis([ -6 6 -0.1 1.1]);
```

M 函数：

```
function y = fourierseries(m,t);
y =0.5;
for n =1:m
    y = y +2 * sin(n * pi/2)/(n * pi). * cos(n * pi. * t);
end
```

实验图 3-2 中的 4 幅图分别是 3 项、9 项、21 项和 45 项傅里叶级数逼近的结果。由此可见，当选取傅里叶级数的项数越多，所合成的波形 $f_N(t)$ 中的峰起越靠近 $f(t)$ 的不连续点。从理论上讲，当所选取的项数 N 越大时，该峰极值趋于一个常数，大约等于跳变值的 9%，并从不连续点开始以起伏振荡的形式逐渐衰减下去，此即 Gibbs 现象。

2. 周期信号的指数形式的傅里叶级数

利用欧拉公式有

$$\sin n\Omega_0 t = \frac{1}{2\mathrm{j}}(\mathrm{e}^{\mathrm{j}n\Omega_0 t} - \mathrm{e}^{-\mathrm{j}n\Omega_0 t}) \tag{3-3}$$

$$\cos n\Omega_0 t = \frac{1}{2}(\mathrm{e}^{\mathrm{j}n\Omega_0 t} + \mathrm{e}^{-\mathrm{j}n\Omega_0 t}) \tag{3-4}$$

式（3-1）可表示为

$$\begin{aligned} f(t) &= \frac{A_0}{2} + \sum_{n=1}^{\infty} \frac{A_n}{2}[\mathrm{e}^{\mathrm{j}(n\Omega_0 t+\varphi_n)} + \mathrm{e}^{-\mathrm{j}(n\Omega_0 t+\varphi_n)}] \\ &= \frac{A_0}{2} + \frac{1}{2}\sum_{n=1}^{\infty} A_n \mathrm{e}^{\mathrm{j}\varphi_n}\mathrm{e}^{\mathrm{j}n\Omega_0 t} + \frac{1}{2}\sum_{n=1}^{\infty} A_n \mathrm{e}^{-\mathrm{j}\varphi_n}\mathrm{e}^{-\mathrm{j}n\Omega_0 t} \end{aligned} \tag{3-5}$$

将式（3-5）第 3 项中的 n 用 $-n$ 代换，并考虑 A_n 是 n（或 $n\Omega_0$）的偶信号，$A_n = A_{-n}$，φ_n 是 n（或 $n\Omega_0$）的奇信号，$\varphi_n = \varphi_{-n}$。则上式可写成

$$\begin{aligned} f(t) &= \frac{A_0}{2} + \frac{1}{2}\sum_{n=1}^{\infty} A_n \mathrm{e}^{\mathrm{j}\varphi_n}\mathrm{e}^{\mathrm{j}n\Omega_0 t} + \frac{1}{2}\sum_{n=-1}^{-\infty} A_{-n} \mathrm{e}^{-\mathrm{j}\varphi_{-n}}\mathrm{e}^{\mathrm{j}n\Omega_0 t} \\ &= \frac{A_0}{2} + \frac{1}{2}\sum_{n=1}^{\infty} A_n \mathrm{e}^{\mathrm{j}\varphi_n}\mathrm{e}^{\mathrm{j}n\Omega_0 t} + \frac{1}{2}\sum_{n=-1}^{-\infty} A_n \mathrm{e}^{\mathrm{j}\varphi_n}\mathrm{e}^{\mathrm{j}n\Omega_0 t} \\ &= \frac{1}{2}\sum_{n=-\infty}^{\infty} A_n \mathrm{e}^{\mathrm{j}\varphi_n}\mathrm{e}^{\mathrm{j}n\Omega_0 t} \\ &= \sum_{n=-\infty}^{\infty} F_n \mathrm{e}^{\mathrm{j}n\Omega_0 t} \end{aligned} \tag{3-6}$$

式（3-6）表明，任意周期信号 $f(t)$ 可分解为无穷多项不同频率的复指数 $\mathrm{e}^{\mathrm{j}n\Omega_0 t}$ 的加权和，其各分量的复数幅度或相量（或称为复加权系数）为

$$F_n = \frac{1}{T}\int_{-\frac{T}{2}}^{\frac{T}{2}} f(t)\mathrm{e}^{-\mathrm{j}n\Omega_0 t}\mathrm{d}t \tag{3-7}$$

计算机不能计算无穷多个系数，假设需要计算的谐波次数为 N，则总的系数个数为 $2N$

+1。在确定了时间范围和时间变化的步长即 T 和 $\mathrm{d}t$ 之后，对某一个系数，式（3-7）可以近似为

$$F_{\mathrm{n}} = \frac{1}{T}\int_{-\frac{T}{2}}^{\frac{T}{2}} f(t)\mathrm{e}^{-\mathrm{j}n\Omega_0 t}\mathrm{d}t = \sum_{n=1}^{2N+1} f(t_{\mathrm{n}})\mathrm{e}^{-\mathrm{j}n\Omega_0 t_{\mathrm{n}}}\mathrm{d}t/T$$

$$= [f(t_1), f(t_2), \cdots, f(t_{2N+1})] \cdot [\mathrm{e}^{-\mathrm{j}n\Omega_0 t_1}, \mathrm{e}^{-\mathrm{j}n\Omega_0 t_2}, \cdots, \mathrm{e}^{-\mathrm{j}n\Omega_0 t_{2N+1}}] \cdot \mathrm{d}t/T \quad (3\text{-}8)$$

对于全部的 $2N+1$ 个系数，上面的计算可以按照矩阵运算实现。MATLAB 实现系数计算的程序如下：

```
dt = 0.01;
T = 2;t = -T/2:dt:T/2;omega0 = 2 * pi/T;
f1 = input('put in the periodic signal f(t) over one period f1(t) =');
N = input('put in the number N =');
for n = -N:N
  F(N+1+n) = f1 * exp(-j * n * omega0 * t') * dt/T;% 计算全部 2N+1 个系数
end
```

其中，时间变量的变化步长 $\mathrm{d}t$ 的大小对傅里叶级数系数的计算精度影响非常大，$\mathrm{d}t$ 越小，精度越高，但计算机计算所花的时间越长。

同时，原信号可以用有限项谐波成分来近似合成，即

$$f(t) \approx \sum_{n=-N}^{N} F_{\mathrm{n}}\mathrm{e}^{\mathrm{j}n\Omega_0 t} \quad (3\text{-}9)$$

MATLAB 实现信号合成的程序如下：

```
f = 0;
L = 2 * N + 1;
for n = 1:L-1;
   f = f + fn(n) * exp(j * (n-1-N) * omega0 * t);% 信号合成
end
```

3. 周期信号的频谱

为了直观地表示信号所含各分量的振幅，以频率（或角频率）为横坐标，以各谐波的振幅 A_{n} 或虚指数信号的幅度 $|F_{\mathrm{n}}|$ 为纵坐标，作出的线图称为幅度谱。其中 $A_{\mathrm{n}} \sim n\Omega_0$ 为单边谱，$|F_{\mathrm{n}}| \sim n\Omega_0$ 为双边谱。从幅度谱中可清楚直观地看出各分量的相对大小。连接各谱线顶点的曲线称为包络线（一般用虚线表示），它反映各分量的幅度变化情况。类似地，也可画出各谐波初相角 $\varphi_{\mathrm{n}} \sim n\Omega_0$ 的线图，称为相位谱。以实验图 3-1 所示的周期矩形脉冲为例，其单边谱、双边谱、单边相位谱、双边相位谱分别如实验图 3-3a、b、c、d 所示。

4. 非周期信号的傅里叶变换

把上述理论推广到非周期信号中去，就可导出傅里叶变换。对于非周期信号 $f(t)$，其傅里叶变换及其反变换式定义如下

$$F(\mathrm{j}\Omega) = \int_{-\infty}^{\infty} f(t)\mathrm{e}^{-\mathrm{j}\Omega t}\mathrm{d}t$$

$$f(t) = \frac{1}{2\pi}\int_{-\infty}^{\infty} F(\mathrm{j}\Omega)\mathrm{e}^{\mathrm{j}\Omega t}\mathrm{d}\Omega \quad (3\text{-}10)$$

式中，$F(\mathrm{j}\Omega)$ 是原信号 $f(t)$ 的傅里叶变换，称为频谱函数，它是一个复函数，可以写成

$F(\mathrm{j}\Omega)=|F(\mathrm{j}\Omega)|\mathrm{e}^{-\mathrm{j}\varphi(\Omega)}$。它的模量$|F(\mathrm{j}\Omega)|$是频率 Ω 的函数，表示信号中各频率分量的相对大小；相角 $\varphi(\Omega)$ 也是频率 Ω 的函数，表示频率分量的相位。为了与周期信号的频谱相一致，人们习惯上把$|F(\mathrm{j}\Omega)|\sim\Omega$ 与 $\varphi(\Omega)\sim\Omega$ 曲线分别称为非周期信号的幅度频谱和相位频谱。

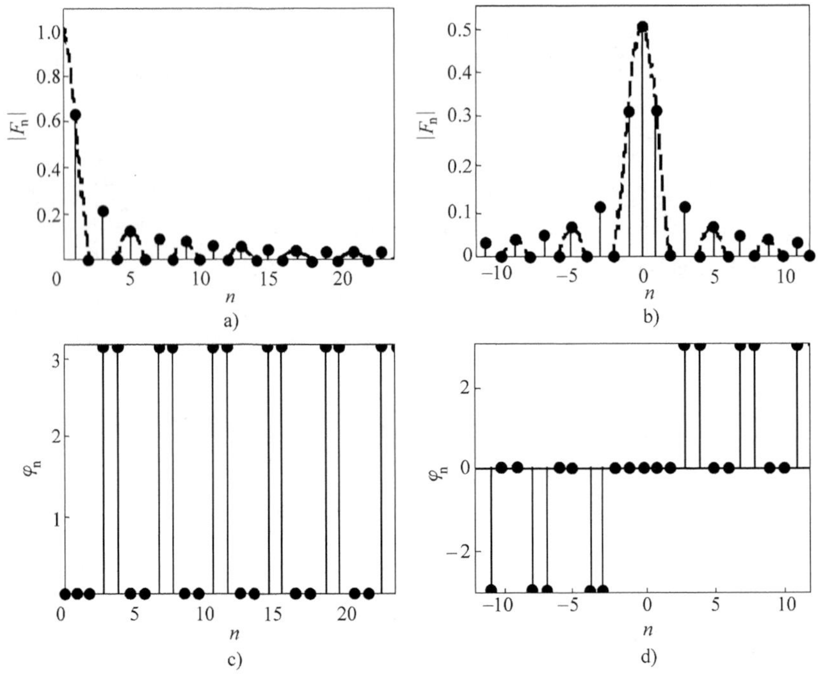

实验图 3-3　周期信号的频谱

MATLAB 实现傅里叶变换有两种方法，一种是利用符号运算方法，另一种是数值计算方法。

(1) 利用符号运算的方法实现

MATLAB 的 Symbolic Math Toolbox 提供了能直接求解傅里叶变换与反变换的函数 fourier ( ) 及 ifourier ( )。调用格式如下：

- F = fourier(f)：它是符号函数 f 的傅里叶变换，默认返回函数 F 是关于 Ω 的函数；
- F = fourier (f, v)：它的返回函数 F 是关于符号对象 v 的函数，即 $F(v)=\int_{-\infty}^{\infty}f(x)\mathrm{e}^{-\mathrm{j}vt}\mathrm{d}x$；
- F = fourier(f,u,v)：它是对关于 u 的函数 f 进行变换，而返回函数 F 是 v 的函数，即

$$F(v)=\int_{-\infty}^{\infty}f(u)\mathrm{e}^{-\mathrm{j}vt}\mathrm{d}u$$

- f = ifourier(F)：它是函数 F 的傅里叶反变换，默认的独立变量为 Ω，默认返回是关于 x 的函数，如果 F = F(x)，则 ifourier(F) 返回关于 t 的函数；
- f = ifourier(F,u)：它的返回函数 f 是 u 的函数，而不是默认的 x 的函数；
- f = ifourier (f，v，u)：它是对关于 v 的函数 F 进行变换，而返回关于 u 的函数 f。

这里要注意的是，在调用上述两个函数之前，先要用 syms 命令对所用到的变量（如 t、

u、v、Ω）等进行定义，将这些变量定义为符号变量。对于 fourier（）中的函数 f 或 ifourier（）中的 F，也要用 syms 将 f 或 F 定义为符号表达式。另外，采用 fourier（）及 ifourier（）得到的返回函数，仍然是符号表达式。若需要对返回函数作图时，只能用 ezplot（）绘图命令，而不能用 plot（）命令。如果返回函数中含有 $\delta(\Omega)$ 等项，用 ezplot（）也无法作图。

fourier（）函数的局限性：用 fourier（）对某些信号求反变换时，其返回函数可能会包含一些不能直接表达的式子，甚至可能会出现一些屏幕提示为“未被定义的函数或变量”的项；另外，在许多情况下，信号 $f(t)$ 尽管是连续的，但却不可能表示成符号表达式；函数 fourier（）也不可能对离散信号 $f(n)$ 进行处理。

（2）用数字计算的方法实现

用数值计算的方法计算连续时间信号的傅里叶变换需要信号是时限信号，也就是当时间 $|t|$ 大于某个给定时间时，其值衰减为零或接近于零，计算机只能处理有限大小和有限数量的数。采用数值计算方法的理论依据是

$$F(\mathrm{j}\Omega) = \int_{-\infty}^{\infty} f(t)\mathrm{e}^{-\mathrm{j}\Omega t}\mathrm{d}t = \lim_{T\to 0}\sum_{n=-\infty}^{\infty} f(nT)\mathrm{e}^{-\mathrm{j}n\Omega T}T \tag{3-11}$$

若信号为时限信号，当时间间隔 T 取得足够小时，式（3-11）可演变为

$$\begin{aligned} F(\mathrm{j}\Omega) &= T\sum_{n=-N}^{N} f(nT)\mathrm{e}^{-\mathrm{j}n\Omega T} \\ &= [f(t_1), f(t_2), \cdots, f(t_{2N+1})]\cdot[\mathrm{e}^{-\mathrm{j}\Omega t_1}, \mathrm{e}^{-\mathrm{j}\Omega t_2}, \cdots, \mathrm{e}^{-\mathrm{j}\Omega t_{2N+1}}]T \end{aligned} \tag{3-12}$$

式（3-12）用 MATLAB 表示为

F = f * exp(j * t' * w) * T

其中 F 为信号 $f(t)$ 的傅里叶变换，w 为频率 Ω，T 为时间步长。

相应的 MATLAB 程序：

```
T=0.01;dw=0.1;                   %时间和频率变化的步长
t= -10:T:10;
w= -4*pi:dw:4*pi;
F=f*exp( -j*t'*ω)*T;          %傅里叶变换
F1=abs(F);                      %计算幅度谱
phaF=angle(F);                  %计算相位谱
```

这里还需要注意，由于在 MATLAB 运算中，必须对连续信号 $f(t)$ 进行采样，为了不丢失原信号 $f(t)$ 的信息，即反变换后能不失真地恢复原信号 $f(t)$，采样间隔 T_s 的确定必须满足采样定理的要求，即 T_s 必须小于奈奎斯特频率。

类似地，傅里叶反变换的 MATLAB 实现如下：

```
t= -5:0.01:5;%指定信号的时间范围,此范围应根据信号的持续时间确定
dw=0.1;w= -4*pi:dω:4*pi;
F=input('Type in the expression of F(jw)');
f=F*exp(j*w'*t)*dw;
```

例如，门信号 $g_\tau(t)$（单个矩形脉冲）的时域波形和频谱如实验图 3-4 所示，容易看出，它们在形状上与相应的周期信号频谱包络线相同。

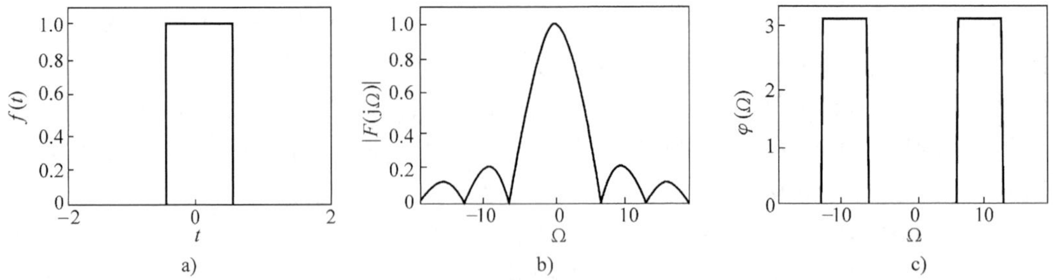

实验图 3-4　非周期信号的波形图和频谱图

a）门函数　b）幅度谱　c）相位谱

5. 傅里叶变换性质及其 MATLAB 实现

在理论课讲授中，已经熟悉了傅里叶变换的基本性质，这些性质有线性、奇偶性、对称性、尺度变换特性、时移频移特性、微分积分特性、时域频域卷积特性等。这些性质反映了信号在时域和频域的对应变化关系，也就是，信号在一个域有某种变化，在另一个域中必然有相应的变化。这些变化归纳起来主要有 4 种：平移、反转、尺度变换、信号相乘。因此，傅里叶变换性质的 MATLAB 实现主要有两种方法：一是利用傅里叶变换的性质，如果知道信号在一个域的变化，在另一个域将对应信号进行相应的运算即可。上面指出的 4 种运算是信号的基本运算与变换，在实验一中专门研究了这些运算的方法及编程；二是将信号变化的参数直接代到相应的信号中，然后进行傅里叶变换或反变换的运算，最后即可得到另一个域中信号的变化，这种方法比较简单。

三、实验内容及步骤

1. 求实验图 3-5 所示周期信号($T=2,\tau=1$)的傅里叶级数，用 MATLAB 作出其前 3、9、21、45 项谐波的合成波形并与原信号作比较，作出其单边幅度谱和相位谱。

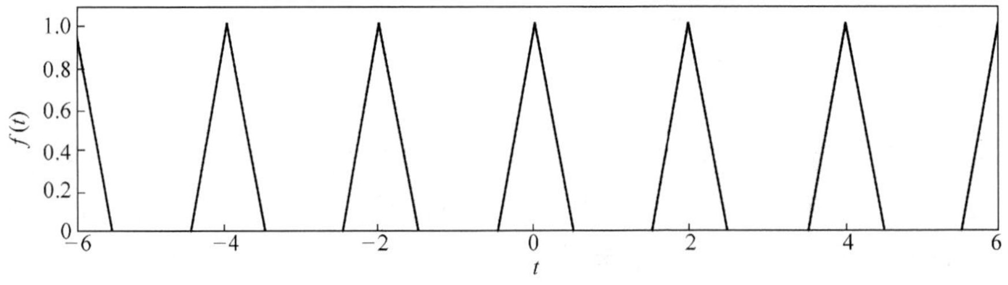

实验图 3-5　周期为 2 的三角脉冲信号

2. 求实验图 3-6 所示的单个三角脉冲($\tau=1$)的傅里叶变换，并作出其幅度谱和相位谱。

3. 求不同占空比下，周期矩形脉冲的幅度谱和相位谱，例如$\frac{\tau}{T}=\frac{1}{4}$、$\frac{1}{8}$。

4. 验证傅里叶变换的性质，如

1）时移性质：选取$f(t)$和$f(t-b)$，幅频曲线相同，只有相位不同。

2）频移性质：选取 $u(t)$ 和 $\cos\Omega_0 tu(t)$ 或 $\sin\Omega_0 tu(t)$。

3）对称性质：选取 $Sa(\Omega_0 t)$ 和 $g_\tau(t)$。

4）尺度变换性：选取 $f(t)$ 和 $f(at)$。

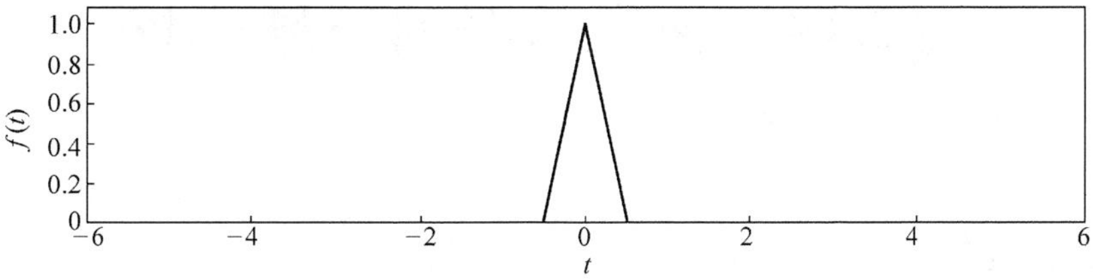

实验图 3-6　单个三角脉冲

四、思考题

1. 简述周期信号频谱的特点，当信号的周期 T 和脉宽 τ 发生变化时，信号的频谱怎样变化。

2. 总结周期信号和非周期信号频谱的不同和联系。

3. 由傅里叶变换的性质，总结时域和频域的对应关系。

五、实验报告要求

1. 简述实验目的和实验原理。

2. 编程实现实验内容，要求附上源程序。

3. 总结实验中的主要结论、收获和体会。

实验四　离散信号的频域分析

一、实验目的

1. 掌握离散信号谱分析的方法：序列的傅里叶变换、离散傅里叶级数、离散傅里叶变换、快速傅里叶变换，进一步理解这些变换之间的关系。

2. 掌握序列的傅里叶变换、离散傅里叶级数、离散傅里叶变换、快速傅里叶变换的MATLAB 实现。

3. 熟悉 FFT 算法原理和 FFT 子程序的应用。

4. 学习用 FFT 对连续信号和离散信号进行谱分析的方法，了解可能出现的分析误差及其原因，以便在实际中正确应用 FFT。

二、实验原理及方法

1. 离散非周期信号的谱分析

（1）序列的傅里叶变换

对于满足绝对可和的序列，即 $\sum_{-\infty}^{\infty} |x(n)| < \infty$ ，其傅里叶变换和反变换的定义为

$$X(e^{j\omega}) = \sum_{n=-\infty}^{\infty} x(n) e^{-j\omega n} \tag{4-1}$$

$$x(n) = \frac{1}{2\pi}\int_{-\pi}^{\pi} X(e^{j\omega}) e^{j\omega n} d\omega \tag{4-2}$$

序列 $x(n)$是离散的，但 $X(e^{j\omega})$是以 2π 为周期的 ω 的连续函数，为了能够在计算机上处理，需要对 $x(n)$进行截断，并对频域进行离散化，近似处理后有

$$X(e^{j\omega_k}) = \sum_{n=n_1}^{n_2} x(n) e^{-j\omega_k n} \tag{4-3}$$

其中 $\omega_k = \frac{2\pi}{M}k$，$M$ 是对 ω 在一个周期内的采样，k 的取值自行确定，若想观察一个周期内的频谱，$k = 0 \sim M-1$；若观察两个周期，$k = 0 \sim 2M-1$，以此类推。

序列傅里叶变换的 MATLAB 实现：

```
n = n1:n2;
M = input('put in the number M =');
k = 0:2 * M - 1;                    % 观察两个周期
X = x * (exp( - j * 2 * pi/M)).^(n' * k);% 序列的傅里叶变换
```

对 $R_4(n)$进行序列的傅里叶变换得到实验图 4-1。

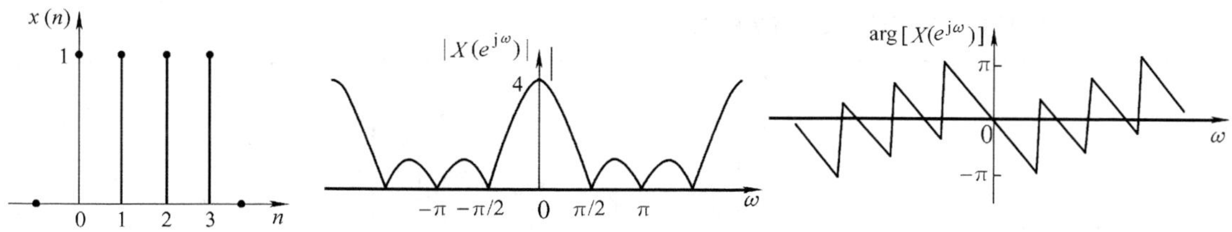

实验图 4-1　信号及信号的幅度谱和相位谱

（2）离散傅里叶变换（DFT）

如果序列 $x(n)$ 是有限长的，序列的谱分析可以采用离散傅里叶变换，其定义为

$$X(k) = \mathrm{DFT}[x(n)] = \sum_{n=0}^{N-1} x(n) W_{\mathrm{N}}^{kn}, 0 \leqslant k \leqslant N-1 \tag{4-4}$$

$$x(n) = \mathrm{IDFT}[X(k)] = \frac{1}{N}\sum_{k=0}^{N-1} X(k) W_{\mathrm{N}}^{-kn}, 0 \leqslant n \leqslant N-1 \tag{4-5}$$

因为 $x(n)$ 与 $X(k)$ 都是离散的，所以可以利用计算机进行数值计算。从数学观点看，DFT 表示的是对序列 $x(n)$ 或 $X(k)$ 的线性运算。

此处应用 DFT 变换近似分析采样序列的频谱。设时域序列用 x 表示，长度为 M；x 的 DFT 变换为 X，变换区间长度为 $N(N \geqslant M)$。

$$X(k) = \sum_{n=0}^{M-1} x(n) W_{\mathrm{N}}^{kn} \qquad k = 0,1,\cdots,N-1$$

将 $X(k)$ 展开，得

$$\begin{cases} X(0) = x(0) W_{\mathrm{N}}^{00} + x(1) W_{\mathrm{N}}^{01} + x(2) W_{\mathrm{N}}^{02} + \cdots + x(M-1) W_{\mathrm{N}}^{0(M-1)} \\ X(1) = x(0) W_{\mathrm{N}}^{10} + x(1) W_{\mathrm{N}}^{11} + x(2) W_{\mathrm{N}}^{12} + \cdots + x(M-1) W_{\mathrm{N}}^{1(M-1)} \\ X(2) = x(0) W_{\mathrm{N}}^{20} + x(1) W_{\mathrm{N}}^{21} + x(2) W_{\mathrm{N}}^{22} + \cdots + x(M-1) W_{\mathrm{N}}^{2(M-1)} \\ \qquad\vdots \\ X(N-1) = x(0) W_{\mathrm{N}}^{(N-1)0} + x(1) W_{\mathrm{N}}^{(N-1)1} + x(2) W_{\mathrm{N}}^{(N-1)2} + \cdots + x(M-1) W_{\mathrm{N}}^{(N-1)(M-1)} \end{cases}$$

将上式表示成矩阵的形式

$$[X(0)\ X(1)\ \cdots\ X(N-1)] = [x(0)\ x(1) \cdots x(M-1)] \begin{bmatrix} W_{\mathrm{N}}^{00} & W_{\mathrm{N}}^{10} & \cdots W_{\mathrm{N}}^{(N-1)0} \\ W_{\mathrm{N}}^{01} & W_{\mathrm{N}}^{11} & \cdots W_{\mathrm{N}}^{(N-1)1} \\ W_{\mathrm{N}}^{02} & W_{\mathrm{N}}^{12} & \cdots W_{\mathrm{N}}^{(N-1)2} \\ & \ddots & \\ W_{\mathrm{N}}^{0(M-1)} & W_{\mathrm{N}}^{1(M-1)} & \cdots W_{\mathrm{N}}^{(N-1)(M-1)} \end{bmatrix}$$

DFT 变换的 MATLAB 实现：

```
n = 0:M - 1;
k = 0:N - 1;
WN = exp( - j * 2 * pi/N);
kn = n' * k;
WNkn = WN.^kn;
X = x * WNkn;
```

对 $R_4(n)$ 进行离散傅里叶变换得到实验图 4-2。

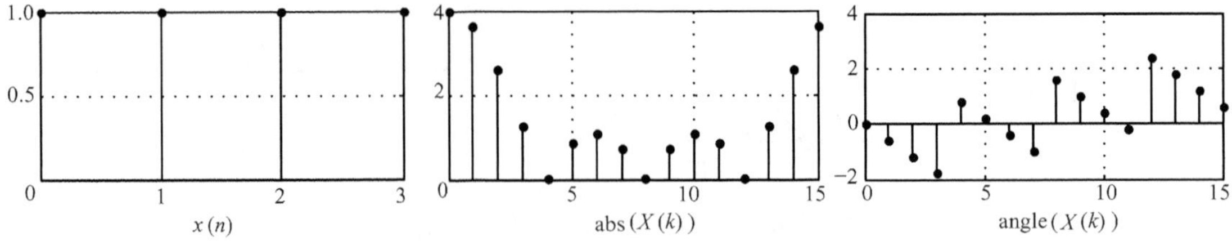

实验图 4-2　信号及信号的离散傅里叶变换

（3）快速傅里叶变换（FFT）

快速傅里叶变换并不是一种新的变换，只是离散傅里叶变换的快速算法，常用的有按时间抽取的基-2FFT 算法和按频率抽取的基-2FFT 算法。在 MATLAB 中对离散信号进行 FFT，可以直接调用函数。

fft(x)：利用快速算法计算 x 的 M 点 DFT，其中 M 是 x 的长度。

fft(x,N)：利用快速算法计算 x 的 N 点 DFT，其中 N 是用户指定的长度。分两种情况：

- 若 x 的长度 M > N，则将 x 截短为 N 点序列，再作 N 点 DFT；
- 若 x 的长度 M < N，则将 x 补零至 N 点，再作 N 点 DFT。

ifft(X)：利用快速算法计算 X 的 M 点 IDFT，其中 M 是 X 的长度。

ifft(X,N)：利用快速算法计算 X 的 N 点 IDFT，其中 N 是用户指定的长度。同样分两种情况，同 fft（x，N）。

对 $R_4(n)$ 进行 16 点的快速傅里叶变换得到实验图 4-3。

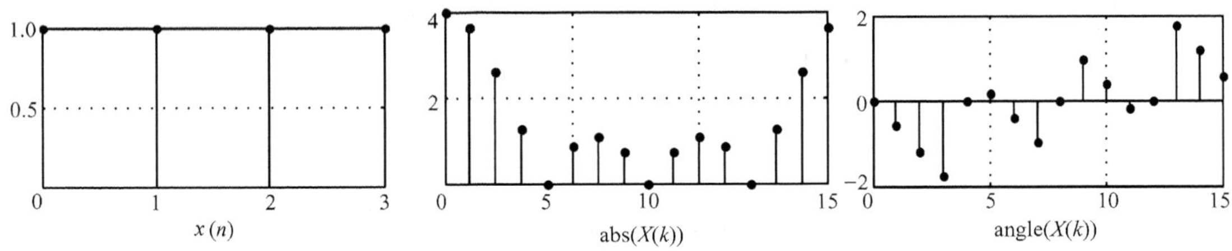

实验图 4-3　信号及信号的快速傅里叶变换

观察实验图 4-1、实验图 4-2、实验图 4-3 可以得到，DFT 和 FFT 都是对序列的傅里叶变换 $X(e^{j\omega})$ 在 $[0,2\pi]$ 上的离散化，离散化的采样点数即为作 DFT 和 FFT 的点数。而 FFT 仅为 DFT 的快速运算，当作 DFT 和 FFT 的点数相同时，两者的结果是一样的。

2. 离散周期信号的谱分析

（1）离散傅里叶级数

定义 $W_N = e^{-j\frac{2\pi}{N}}$，周期序列的傅里叶级数（DFS）变换对为

$$\begin{aligned}\tilde{X}(k) &= \mathrm{DFS}[\tilde{X}(n)] = \sum_{n=0}^{N-1}\tilde{x}(n)e^{-j\frac{2\pi}{N}nk} = \sum_{n=0}^{N-1}\tilde{x}(n)W_N^{nk} \quad k = 0,1,\cdots,N-1 \\ \tilde{x}(n) &= \mathrm{IDFS}[\tilde{X}(k)] = \frac{1}{N}\sum_{k=0}^{N-1}\tilde{X}(k)e^{j\frac{2\pi}{N}nk} = \frac{1}{N}\sum_{k=0}^{N-1}\tilde{X}(k)W_N^{-nk} \quad n = 0,1,\cdots,N-1\end{aligned} \tag{4-6}$$

式中，n 和 k 都是离散变量。如果将 n 当作时间变量，k 当作频率变量，则 DFS[·]表示

时域到频域的离散傅里叶级数正变换，IDFS[·]表示由频域到时域的离散傅里叶级数反变换。

从式（4-6）看出，只要知道周期序列一个周期的内容，其他周期的内容也就知道了。所以，这种无限长周期序列实际上只有一个周期中的 N 个序列值有信息。

将 n 和 k 进行周期延拓可得

$$\widetilde{X}(k) = \sum_{n=0}^{N-1} \widetilde{x}(n) W_N^{kn}, k = -\infty \sim \infty \tag{4-7}$$

$$\widetilde{x}(n) = \frac{1}{N} \sum_{k=0}^{N-1} \widetilde{X}(k) W_N^{-kn}, n = -\infty \sim \infty \tag{4-8}$$

1）上两式表明将周期序列分解成 N 次谐波，第 k 次谐波频率为 $\omega_k = (2\pi/N)k$，$k = 0$，1，2，…，$N-1$，幅度为 $(1/N)\widetilde{X}(k)$。

2）基波分量的频率是 $2\pi/N$，幅度是 $(1/N)\widetilde{X}(1)$。一个周期序列可以用离散傅里叶级数表示其频谱分布规律。

由式（4-6）得，时域和频域都是有限长序列，可以用 MATLAB 实现：

```
WN = exp( -j * 2 * pi/N);
kn = n ' * k;
WNkn = WN. ^kn;
X = x * WNkn;
```

（2）快速傅里叶变换

因为周期序列以及周期序列的频谱都是有限长序列，所以可以直接调用 MATLAB 中的 fft（）和 ifft（）函数进行求解。

3. 利用 FFT 对连续信号进行谱分析

工程实际中，经常遇到的连续信号 $x_a(t)$，其频谱函数 $X_a(j\Omega)$ 也是连续函数。设时域连续信号 $x_a(t)$ 持续时间为 T_p，最高频率为 f_c。则 $x_a(t)$ 的傅里叶变换为

$$X_a(jf) = \mathrm{FT}[x_a(t)] = \int_{-\infty}^{\infty} x_a(t) e^{-j2\pi ft} dt \tag{4-9}$$

对 $x_a(t)$ 以采样频率 $f_s \geq 2f_c \left(T = \frac{1}{f_s}\right)$ 采样，得 $x_a(t) = x_a(nT)$。设共采样 N 点，并对 $X_a(if)$ 作零阶近似（$t = nT$，$dt = T$）得

$$X(if) = T \sum_{n=0}^{N-1} x_a(nT) e^{-j2\pi fnT} \tag{4-10}$$

显然，$X(if)$ 仍是 f 的连续周期函数。对 $X(jf)$ 在区间 $[0, f_s]$ 上等间隔采样 N 点，采样间隔为 F，F 称为频率分辨率。参数 f_s、T_p、N 和 F 满足如下关系式

$$F = \frac{f_s}{N} = \frac{1}{NT} \tag{4-11}$$

由于 $NT = T_p$，所以

$$F = \frac{1}{T_p} \tag{4-12}$$

式（4-12）说明要提高频率分辨率即减小 F，就要增加 T_p，即增加信号的有效长度。

将 $f = kF$ 和式（4-11）代入式（4-10）可得 $X(jf)$ 的采样

$$X(\mathrm{j}kF) = T\sum_{n=0}^{N-1} x_a(nT)\mathrm{e}^{-\mathrm{j}\frac{2\pi}{N}kn}, 0 \leqslant k \leqslant N-1 \tag{4-13}$$

令 $X_a(k) = X(\mathrm{j}kf), x(n) = x_a(nT)$，则

$$X_a(k) = T\sum_{n=0}^{N-1} x(n)\mathrm{e}^{-\mathrm{j}\frac{2\pi}{N}kn} = T \cdot \mathrm{DFT}[x(n)] \tag{4-14}$$

式（4-14）说明连续信号的频谱特性可以通过对连续信号采样并进行 DFT，再乘以 T 的近似方法得到。

同理，由

$$x_a(t) = \int_{-\infty}^{\infty} X_a(\mathrm{j}f)\mathrm{e}^{\mathrm{j}2\pi ft}\mathrm{d}f$$

可推导出

$$x(n) = x_a(nT) = F\sum_{n=0}^{N-1} X_a(k)\mathrm{e}^{\mathrm{j}\frac{2\pi}{N}kn} = FN\left[\frac{1}{N}\sum_{n=0}^{N-1} X_a(k)\mathrm{e}^{\mathrm{j}\frac{2\pi}{N}kn}\right] = \frac{1}{T}\mathrm{IDFT}[X_a(k)] \tag{4-15}$$

这里的 DFT 和 IDFT 都可以直接调用 fft（）和 ifft（）。

4. 利用 FFT 进行谱分析的误差分析

下面分析利用 FFT 对信号进行傅里叶分析时可能造成的误差。

（1）频谱混叠失真

利用 FFT 对连续信号进行傅里叶分析时，首先需要进行时域采样。按照时域采样定理，为了不产生混叠，必须满足

$$f_s \geqslant 2f_c \tag{4-16}$$

也就是采样间隔 T 满足

$$T = \frac{1}{f_s} \leqslant \frac{1}{2f_c} \tag{4-17}$$

一般应取

$$f_s = (3 \sim 5)f_c \tag{4-18}$$

如果不满足 $f_s \geqslant 2f_c$，就会产生频谱混叠失真。

（2）栅栏效应

利用 FFT 计算频谱，只能给出离散点 $\omega_k = \frac{2\pi}{N}k$ 或 $\Omega_k = \frac{2\pi}{NT}k$ 上的频谱采样值，而不可能得到连续频谱函数，这就像通过一个“栅栏”观看信号频谱，只能在离散点上看到信号频谱，称之为“栅栏效应”。这时，即使在两个离散的谱线之间有一个特别大的频谱分量，也无法检测出来。

减小栅栏效应的一个方法就是使频域采样更密，即增加频域采样点数 N，在不改变时域数据的情况下，必然是在数据末端添加一些零值点，使一个周期内的点数增加，但并不改变原有的记录数据。频谱采样间距为 $\frac{2\pi}{N}$，N 增加，必然使样点间距更近（单位圆上样点更多），谱线更密，谱线变密后原来看不到的谱分量就有可能看到了。

必须指出，补零以改变计算 FFT 的周期时，不能提高频率分辨率，这是因为数据的实际长度仍为补零前的数据长度。

(3) 频谱泄漏与谱间干扰

对信号进行 FFT 计算，首先必须使其变成有限时宽的信号，这就相当于信号在时域乘一个窗函数如矩形窗，窗内数据并不改变。加窗即为时域相乘，对频域的影响可用卷积公式表示

$$V(e^{j\omega}) = \frac{1}{2\pi}X(e^{j\omega}) * W(e^{j\omega}) = \frac{1}{2\pi}\int_{-\pi}^{\pi} X(e^{j\theta})W(e^{j(\omega-\theta)})\,d\theta \tag{4-19}$$

式 (4-19) 中，$X(e^{j\omega})$是信号$x(n)$的频谱，$W(e^{j\omega})$是窗函数的频谱。卷积的结果使加窗后得到的频谱$V(e^{j\omega})$与原来的频谱$X(e^{j\omega})$不相同，产生失真。这种失真造成频谱的“扩散”，这就是所谓的“频谱泄漏”。

泄漏造成的后果是降低频谱的分辨率。此外，由于在主谱线两边形成很多旁瓣，引起不同频率分量间的干扰（简称谱间干扰），特别是强信号谱的旁瓣可能淹没弱信号的主谱线，或者把强信号谱的旁瓣误认为是另一信号的谱线，从而造成假信号，这样就会使谱分析产生较大偏差。

三、实验内容及步骤

1. 对连续信号$x_a(t)=Ae^{-\alpha t}\sin(\Omega_0 t)u(t)$ ($A=444.128, \alpha=50\sqrt{2}\pi, \Omega_0=50\sqrt{2}\pi$) 进行理想采样，可得采样序列$x(n)=x_a(nT)=Ae^{-\alpha nT}\sin(\Omega_0 nT)u(n), 0\leqslant n\leqslant 50$。实验图 4-4 给出了$x_a(t)$的幅频特性曲线，由图可以确定对$x_a(t)$采用的采样频率。分别取采样频率为 1kHz、300Hz 和 200Hz，画出所得采样序列$x(n)$的幅频特性$|X(e^{j\omega})|$，并观察是否存在频谱混叠。

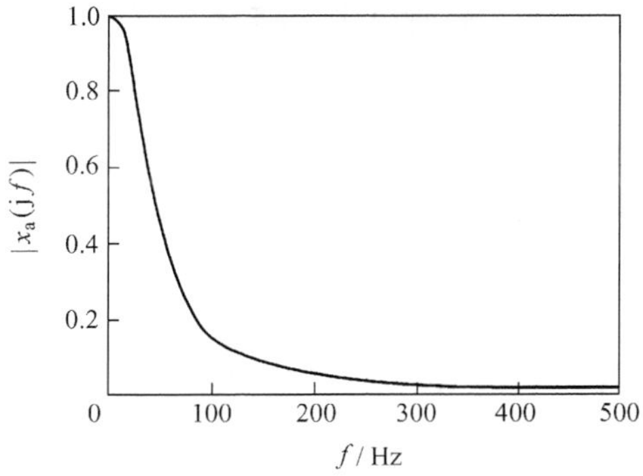

实验图 4-4　连续信号$x_a(t)=Ae^{-\alpha t}\sin(\Omega_0 t)u(t)$

2. 设$x(n)=\cos(0.48\pi n)+\cos(0.52\pi n)$，试

(1) $x(n)$ ($0\leqslant n\leqslant 10$) 时，求$x(n)$的 FFT 变换$X(k)$，并绘出其幅度曲线。

(2) 将 (1) 中的$x(n)$以补零方式加长到$0\leqslant n\leqslant 20$，求$X(k)$并绘出其幅度曲线。

(3) $x(n)$ ($0\leqslant n\leqslant 100$) 时，求$X(k)$并绘出其幅度曲线。

(4) 观察上述三种情况下，$x(n)$的幅度曲线是否一致？为什么？

3. (1) 编制信号产生子程序，产生以下典型信号供谱分析用。

$$x_1(n)=\begin{cases} n+1 & 0\leqslant n\leqslant 3 \\ 8-n & 4\leqslant n\leqslant 7 \\ 0 & \text{其他 } n \end{cases}$$

$$x_2(n)=\cos\frac{\pi}{4}n$$

$$x_3(n)=\sin\frac{\pi}{8}n$$

$$x_4(t) = \cos 8\pi t + \cos 16\pi t + \cos 20\pi t$$

（2）对信号 $x_1(n)$，$x_2(n)$，$x_3(n)$进行两次谱分析，FFT 的变换区间 N 分别取 8 和 16，观察两次的结果是否一致？为什么？

（3）连续信号 $x_4(n)$的采样频率 $f_s = 64\text{Hz}$，$N = 16$，32，64。观察 3 次变换的结果是否一致？为什么？

四、思考题

1. 用 FFT 对连续信号和离散信号进行谱分析，分别会产生什么影响？找出产生影响的原因并尽量地使其减小。

2. 如果周期信号的周期预先不知道，如何用 FFT 进行谱分析？

五、实验报告要求

1. 简述实验原理和目的。

2. 结合实验中所得给定典型序列幅频特性曲线，与理论结果比较，并分析说明误差产生的原因以及用 FFT 作谱分析时有关参数的选择方法。

3. 总结实验所得主要结论。

第三部分　系统分析与设计

实验五　连续线性时不变系统分析

一、实验目的

1. 掌握连续 LTI 系统的单位冲激响应、单位阶跃响应和任意激励对应响应的求解方法。
2. 掌握连续 LTI 系统的频域分析方法。
3. 掌握连续 LTI 系统的复频域分析方法。
4. 掌握连续 LTI 系统的时域、频域和复频域分析方法的相互转换。

二、实验原理及方法

1. 连续 LTI 系统的时域分析

（1）连续线性时不变系统的描述

设连续线性时不变系统的激励为 $e(t)$，响应为 $r(t)$，则描述系统的微分方程可表示为

$$\sum_{i=0}^{n} a_i r^{(i)}(t) = \sum_{j=0}^{m} b_j e^{(j)}(t) \tag{5-1}$$

为了在 MATLAB 编程中调用有关函数，可以用向量 a 和 b 来表示该系统，即

$$a = [a_n, a_{n-1}, \cdots, a_1, a_0] \tag{5-2}$$

$$b = [b_m, b_{m-1}, \cdots, b_1, b_0] \tag{5-3}$$

这里要注意，向量 a 和 b 的元素排列是按微分方程的微分阶次降幂排列，缺项要用 0 补齐。

（2）单位冲激响应

单位冲激响应 $h(t)$ 是指连续 LTI 系统在单位冲激信号 $\delta(t)$ 激励下的零状态响应，因此 $h(t)$ 满足线性常系数微分方程式（5-1）及零初始状态，即

$$\sum_{i=0}^{n} a_i h^{(i)}(t) = \sum_{j=0}^{m} b_j \delta^{(j)}(t), h^{(k)}(0_-) = 0 \qquad k = 0,1,\cdots,n-1 \tag{5-4}$$

按照定义，它也可表示为

$$h(t) = h(t) * \delta(t) \tag{5-5}$$

对于连续 LTI 系统，若其输入信号为 $e(t)$，冲激响应为 $h(t)$，则其零状态响应 $y_{zs}(t)$ 为

$$y_{zs}(t) = e(t) * h(t) \tag{5-6}$$

可见，$h(t)$能够刻画和表征系统的固有特性，与何种激励无关。一旦知道了系统的冲激响应$h(t)$，就可求得系统对任何输入信号$e(t)$所产生的零状态响应$y_{zs}(t)$。

MATLAB 提供了专门用于求连续系统单位冲激响应的函数 impulse（），该函数还能绘制其时域波形。其调用格式有：

impulse(b,a)

impulse(b,a,t)

impulse(b,a,t1:p:t2)

y = impulse(b,a,t1:p:t2)：不绘制系统的冲激响应波形，只计算出对应的数值解。

（3）单位阶跃响应

单位阶跃响应$s(t)$是指连续 LTI 系统在单位阶跃信号$u(t)$激励下的零状态响应，它可以表示为

$$s(t) = u(t) * h(t) = \int_{-\infty}^{t} h(\tau)\,\mathrm{d}\tau \tag{5-7}$$

式（5-7）表明，连续 LTI 系统的单位阶跃响应是单位冲激响应的积分，系统的单位阶跃响应和系统的单位冲激响应之间有着确定的关系，因此，单位阶跃响应也能完全刻画和表征一个 LTI 系统。

另外，对于二阶以上的高阶系统，系统的阶跃响应和冲激响应也能反映系统处于不同阻尼状态下的系统特性。

MATLAB 提供了专门用于求连续系统单位阶跃响应的函数 step（），该函数还能绘制其时域波形。其调用格式有：

step(b,a)

step(b,a,t)

step(b,a,t1:p:t2)

y = step(b,a,t1:p:t2)：不绘制系统的阶跃响应波形，只计算出对应的数值解。

（4）任意激励下的零状态响应

已经知道，连续 LTI 系统可用常系数线性微分方程式（5-1）来描述，MATLAB 提供的函数 lsim（）能对上述微分方程描述的连续 LTI 系统的响应进行仿真，该函数不仅能绘制指定时间范围内的系统响应波形，而且还能求出系统响应的数值解。其调用格式有：

lsim(b,a,x,t)

y = lsim(b,a,x,t)：只求出系统的零状态响应的数值解，而不绘制响应曲线。

其中b和a仍是式（5-2）和式（5-3）所定义的向量，而x和t则表示输入信号的行向量及其时间范围向量。由于向量t中的采样时间间隔大小直接影响着仿真效果，所以要得到较好的仿真效果，采样时间间隔应取小一些。需要特别强调的是，MATLAB 总是把由分子和分母多项式表示的任何系统都当作是因果系统。所以，利用 impulse(b,a)，step(b,a)，lsim(b,a,x,t)函数求得的响应总是因果信号。

同时，卷积积分也是 LTI 系统求解零状态响应的重要工具之一。假设系统的输入信号为$e(t)$，单位冲激响应为$h(t)$，则系统的零状态响应$r(t)$可由式（5-6）求解。卷积积分的运算实际上是用信号的分段求和来近似实现的。若有两个连续信号$e(t)$和$h(t)$进行卷积，首先要对这两个信号进行采样，设采样时间间隔为Δ，则采样后得到两个离散序列$e(n\Delta)$和

$h(n\Delta)$，然后构造相应的两个时间向量 n1 和 n2（n1 和 n2 的元素不再是整数，而是采样时间间隔 Δ 的整数倍），接着调用计算离散卷积和的函数 conv（）计算连续卷积积分 $r(t)$ 的近似向量 $r(n\Delta)$。需要说明的是，函数 conv（）只能计算离散卷积和的数值，用函数 conv（）作两个信号的卷积积分时，应该在这个函数之前乘以时间步长方能得到正确的结果。也就是说，正确的语句形式应为：y = dt * conv(e,h)。

对于定义在不同时间段的两个时限信号 $e(t)$，$t_0 \leqslant t \leqslant t_1$ 和 $h(t)$，$t_2 \leqslant t \leqslant t_3$。如果用 $y(t)$ 来表示它们的卷积结果，则 $y(t)$ 的持续时间范围比 $e(t)$ 或 $h(t)$ 要长，其时间范围为 $t_0 + t_2 \leqslant t \leqslant t_1 + t_3$。这个特点很重要，利用这个特点，在处理信号在时间上的位置时，可以很容易地使信号的函数值与时间轴的位置和长度关系保持一致。

根据给定的两个连续时间信号 $e(t) = u(t) - u(t-1)$ 和 $h(t) = u(t) - u(t-1)$，编写程序，完成这两个信号的卷积运算，并绘制它们的波形图，如实验图 5-1 所示。范例程序如下：

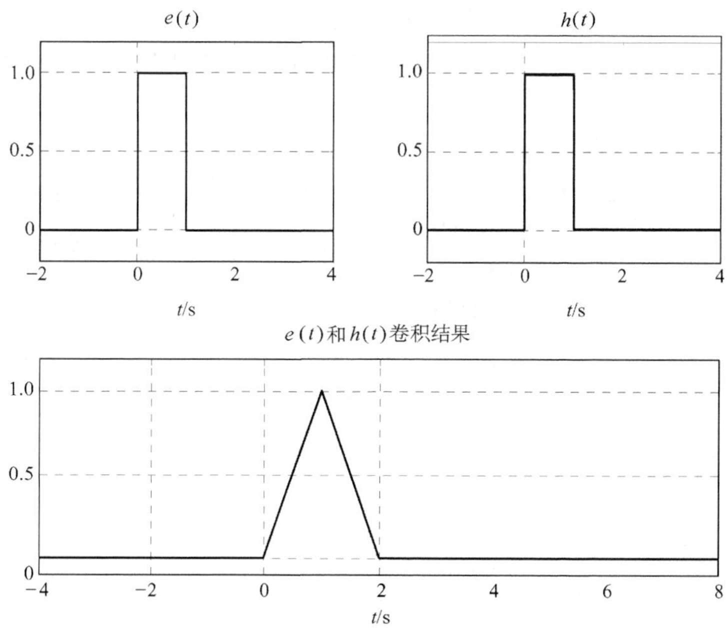

实验图 5-1　信号及信号的卷积积分

```
%计算两个连续信号的卷积积分
clear;close all;
t0 = -2;t1 = 4;dt = 0.01;
t = t0:dt:t1;
e = u(t) - u(t-1);
h = u(t) - u(t-1);
y = dt * conv(e,h);      %计算 e(t)和 h(t)的卷积积分
subplot(221)
plot(t,e);grid on;title('e(t)');axis([t0,t1,-0.2,1.2]);
```

```
subplot(222)
plot(t,h);grid on;title('h(t)');axis([t0,t1,-0.2,1.2]);
subplot(212)
t=2*t0:dt:2*t1;      %e(t)和h(t)卷积积分的时间长度
plot(t,y);grid on;title('e(t)和h(t)卷积结果'),axis([2*t0,2*t1,-0.1,1.2]);
xlabel('Time t sec');
```

(5) 任意激励下的全响应

线性系统的全响应 $y(t)$ 可以分解为自由响应（齐次解）和强迫响应（特解），也可以分解为零输入响应和零状态响应，即

$$y(t)=y_h(t)+y_p(t)=y_{zi}(t)+y_{zs}(t) \tag{5-8}$$

MATLAB 提供了专门用于求连续系统全响应的函数 dsolve（），其调用格式为

dsolve（‘eqn1’，‘eqn2’，…）：解符号形式的微分方程，输入参数可以是 n 个微分方程，也可以是初始条件。值得注意的是，无论是输入参数还是输出参数都是符号形式的变量。

例 5-1 描述某线性时不变系统的微分方程为

$$y''(t)+3y'(t)+2y(t)=f'(t)+2f(t)$$

且 $f(t)=t^2, y(0_-)=1, y'(0_-)=1$；试求系统的全响应，并指出其零输入响应、零状态响应、自由响应与强迫响应。

通过解微分方程得到的全响应为

$$y(t)=\underbrace{t^2-2t+2}_{\substack{\text{强迫响应}\\\text{(稳态响应)}}}+\underbrace{e^{-t}-2e^{-2t}}_{\substack{\text{自由响应}\\\text{(瞬态响应)}}}=\underbrace{3e^{-t}-2e^{-2t}}_{\text{零输入响应}}\underbrace{-2e^{-t}+t^2-2t+2}_{\text{零状态响应}},\ t\geqslant 0$$

MATLAB 参考程序及数值计算结果：

```
b=[1 2];a=[1 3 2];
dt=0.01;t=0:dt:5;x=t.^2;
h=impulse(b,a,t);
s=step(b,a,t);
yzs1=dt.*conv(x,h);
yzs2=lsim(b,a,x,t);
figure(1)
subplot(221)
plot(t,exp(-t)-2*exp(-2*t));title('自由响应');
subplot(222)
plot(t,(t.^2-2*t+2));title('强迫响应');
subplot(223)
plot(t,3*exp(-t)-2*exp(-2*t));title('零输入响应');
subplot(224)
plot(t,-2*exp(-t)+t.^2-2*t+2);title('零状态响应');
figure(2)
subplot(221)
plot(t,h);title('单位冲激响应');
subplot(222)
plot(t,s);title('单位阶跃响应');
```

```
subplot(223)
plot(t,yzs1(1:length(t)));title('卷积积分计算的零输入响应');
subplot(224)
plot(t,yzs2);title('lsim 函数计算的零状态响应');
```

运行结果如实验图 5-2、实验图 5-3 所示。

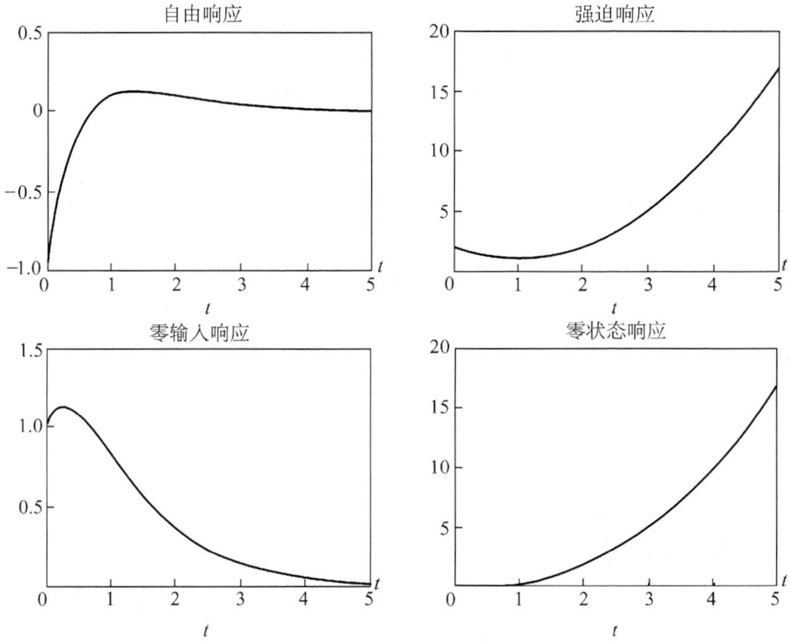

实验图 5-2 理论计算得到的各种系统响应

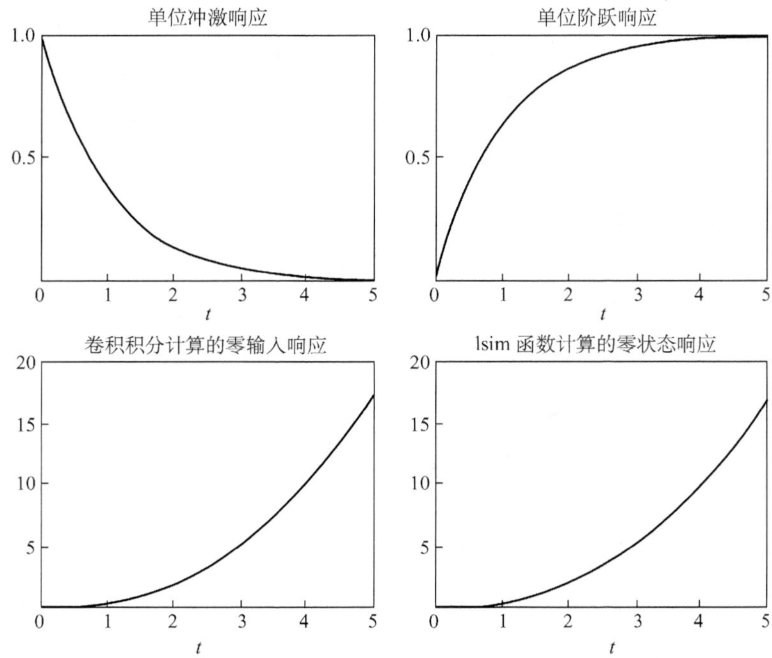

实验图 5-3 由 MATLAB 数值计算函数得到的各种系统响应

MATLAB 符号运算参考程序：

```
y = dsolve('D2y +3 * Dy +2 * y =2 * t +2 * t^2','y(0) =1,Dy(0) =1');
yht = dsolve('D2y +3 * Dy +2 * y =0');
yt = dsolve('D2y +3 * Dy +2 * y =2 * t +2 * t^2');
yp = yt - yht;
yh = y - yp;
yzi = dsolve('D2y +3 * Dy +2 * y =0','y(0) =1,Dy(0) =1');
yzs = dsolve('D2y +3 * Dy +2 * y =2 * t +2 * t^2','y(0) =0,Dy(0) =0');
t =0:0.01:5;
subplot(231)
ezplot(y,[0 5]);title('全响应');
subplot(232)
ezplot(yh,[0 5]);title('自由响应');
subplot(233)
ezplot(yp,[0 5]);title('强迫响应');
subplot(223)
ezplot(yzi,[0 5]);title('零输入响应');
subplot(224)
ezplot(yzs,[0 5]);title('零状态响应');
```

运行结果如实验图 5-4 所示。

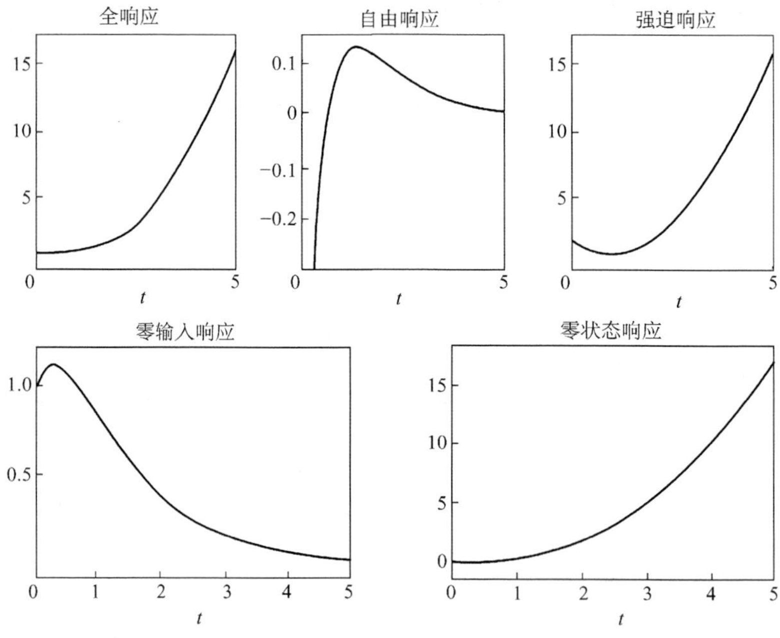

实验图 5-4　由 MATLAB 符号运算函数得到的各种系统响应

```
y =
  t^2 -2 * t +2 -2 * exp( -2 * t) + exp( -t)
yp =
   t^2 -2 * t +2
```

```
yh =
    -2 * exp( -2 * t) + exp( -t)
yzi =
   3 * exp( -t) -2 * exp( -2 * t)
yzs =
   t^2 -2 * t +2 -2 * exp( -t)
```

比较实验图5-2、实验图5-3、实验图5-4可得，通过MATLAB函数，无论是数值计算函数还是符号运算函数，得到的结果和理论计算结果都是一致的。MATLAB强大的计算功能，可以将用户从繁杂的微分方程求解中解脱出来，特别是高阶的微分方程。

2. 连续LTI系统的频域分析

（1）系统的频率响应

所谓频率响应（Frequency Response），是指系统在正弦信号激励下的稳态响应随频率变化的情况，包括响应的幅度随频率的变化情况和响应的相位随频率的变化情况两个方面。连续LTI系统的时域及频域分析对应关系如实验图5-5所示。

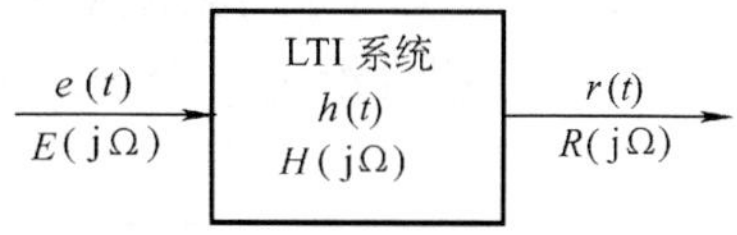

实验图5-5　连续LTI系统的时域及频域分析对应关系

实验图5-5中$e(t)$、$r(t)$分别为系统的时域激励信号和响应信号，$h(t)$是系统的单位冲激响应，它们三者之间的关系为：$r(t)=x(t)*h(t)$，由傅里叶变换的时域卷积定理可得到

$$R(\mathrm{j}\Omega)=E(\mathrm{j}\Omega)H(\mathrm{j}\Omega) \tag{5-9}$$

或者

$$H(\mathrm{j}\Omega)=\frac{R(\mathrm{j}\Omega)}{E(\mathrm{j}\Omega)} \tag{5-10}$$

$H(\mathrm{j}\Omega)$为系统的频域数学模型，它实际上就是系统的单位冲激响应$h(t)$的傅里叶变换。即

$$H(\mathrm{j}\Omega)=\int_{-\infty}^{\infty}h(t)\mathrm{e}^{-\mathrm{j}\Omega t}\mathrm{d}t \tag{5-11}$$

由于$H(\mathrm{j}\Omega)$实际上是系统单位冲激响应$h(t)$的傅里叶变换，如果$h(t)$是收敛的，那么$H(\mathrm{j}\Omega)$一定存在，而且$H(\mathrm{j}\Omega)$通常是复数。因此，也可以表示成复数的不同表达形式。在研究系统的频率响应时，更多的是把它表示成极坐标形式

$$H(\mathrm{j}\Omega)=|H(\mathrm{j}\Omega)|\mathrm{e}^{\mathrm{j}\varphi(\Omega)} \tag{5-12}$$

式（5-12）中，$|H(\mathrm{j}\Omega)|$称为幅频响应，反映信号经过系统之后，信号各频率分量的幅度发生变化的情况；$\varphi(\Omega)$称为相频响应，反映信号经过系统后，信号各频率分量在相位上发生变换的情况。由于$|H(\mathrm{j}\Omega)|$和$\varphi(\Omega)$都是频率Ω的函数，所以，系统对不同频率的频率分量造成的幅度和相位上的影响是不同的。

MATLAB提供了专门用于求连续系统频率响应的函数freqs（），其调用格式如下：

[H,w] = freqs(b,a)：***b***和***a***仍是式（5-2）和式（5-3）所定义的LTI系统的微分方程右边和左边的系数向量，返回的频率响应为各频率点的样点值（复数）存放在H中，系统默认的样点数目为200点；

H = freqs(b,a,w)：在指定的频率范围内计算系统的频率响应特性。在使用这种形式的freqs函数时，要在前面先指定频率变量w的范围。例如，在语句H = freqs(b,a,w)之前加上

语句：w = 0 :2 * pi/256 :2 * pi。

Hm = abs(H)：求模数，即进行 Hm = |H| 运算，求得系统的幅度频率响应，返回值存于 Hm 之中。

real(H)：求 H 的实部；

imag(H)：求 H 的虚部；

phi = atan(- imag(H)./(real(H) + eps))：求相频响应特性，atan（）用来计算反正切值；或者 phi = angle（H）：求相位频率响应特性；

tao = grpdelay(b,a,w)：计算系统的相频响应所对应的群延时。

下面举例说明如何利用上述函数计算并绘制系统频率响应特性曲线的编程方法。

例 5-2 假设给定一个连续 LTI 系统，描述其输入输出之间关系的微分方程为

$$\frac{d^2y(t)}{dt^2}+3\frac{dy(t)}{dt}+2=x(t)$$

编写 MATLAB 范例程序，绘制系统的幅频响应、相频响应、频率响应的实部和频率响应的虚部，如实验图 5-6 所示。程序如下：

```
%计算并绘出连续系统的频域响应
b = [1];        %微分方程右边的系数矩阵
a = [1 3 2];%微分方程左边的系数矩阵
[H, w] =freqs (b, a);            %计算频率响应 H
Hm = abs (H);                    %计算幅频响应 Hm
phai = angle (H);                %计算相频响应 phai
Hr = real (H);                   %计算频率响应的实部
Hi = imag (H);                   %计算频率响应的虚部
subplot (221)
plot (w, Hm); grid on; title ('幅频响应'); xlabel ('Omega (rad/s) ');
subplot (223)
plot (w, phai); grid on; title ('相频响应'); xlabel ('Omega (rad/s) ');
subplot (222)
plot (w, Hr); grid on; title ('频率响应的实部');
xlabel ('Omega (rad/s) ');
subplot (224)
plot (w, Hi); grid on; title ('频率响应的虚部');
xlabel ('Omega (rad/s) ');
```

（2）系统响应的频域求解方法

对于一个系统，其频率响应为 $H(j\Omega)$，其幅频响应和相频响应分别为 $|H(j\Omega)|$ 和 $\varphi(\Omega)$，如果作用于系统的信号为 $e(t)=e^{j\Omega_0 t}$，则其响应信号为

$$r(t)=H(j\Omega_0)e^{j\Omega_0 t}=|H(j\Omega_0)|e^{j\varphi(\Omega_0)}e^{j\Omega_0 t}=|H(j\Omega_0)|e^{j[\Omega_0 t+\varphi(\Omega_0)]} \tag{5-13}$$

若输入信号为正弦信号，即 $e(t)=\sin(\Omega_0 t)$，则系统响应为

$$r(t)=H(j\Omega_0)\sin(\Omega_0 t)=|H(j\Omega_0)|\sin[\Omega_0 t+\varphi(\Omega_0)] \tag{5-14}$$

可见，系统对某一频率分量的影响表现为两个方面，一是信号的幅度要被 $|H(j\Omega)|$ 加权，二是信号的相位要被 $\varphi(\Omega)$ 移相。

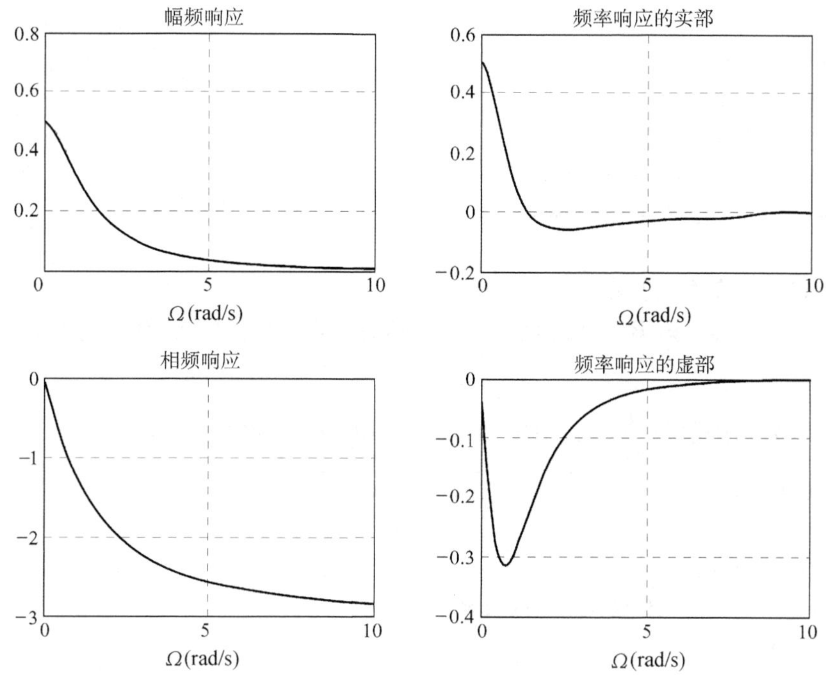

实验图 5-6　系统的频率响应

若输入为周期信号，则其总可以展开成一系列的正弦信号的和的形式或者是一系列的虚指数信号的和的形式，周期信号展开式中的各次谐波所产生的响应都可由式（5-13）、式（5-14）求出，总响应是基波和谐波产生的响应的和。

若输入为非周期信号，可以先求得输入信号的频谱 $F(\mathrm{j}\Omega)$ 和系统的频率响应 $H(\mathrm{j}\Omega)$，由输入信号所产生响应的频谱为 $Y(\mathrm{j}\Omega)=F(\mathrm{j}\Omega)H(\mathrm{j}\Omega)$，再求傅里叶反变换即得响应 $y(t)$。

下面举例说明系统响应的频域求解方法。

例 5-3　如实验图 5-7a 所示的 RC 电路，试

1）若输入信号为门函数（如实验图 5-7b 所示），求系统的响应；

2）若输入信号为周期矩形脉冲（如实验图 5-7c 所示），求系统的响应。

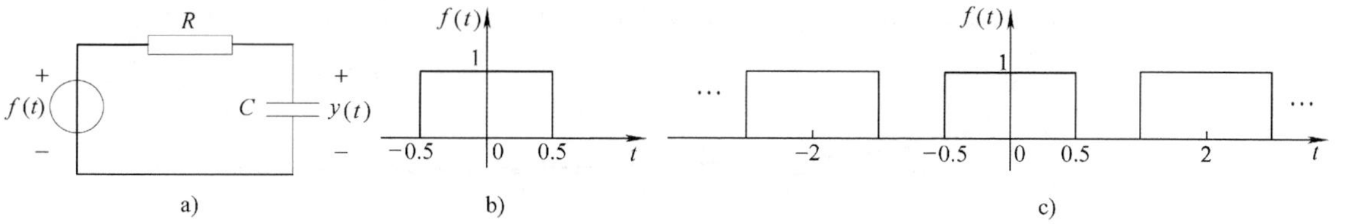

实验图 5-7　RC 电路及输入信号

MATLAB 程序如下：

RC 电路的频率响应为 $H(\mathrm{j}\Omega)=\dfrac{1/(RC)}{\mathrm{j}\Omega+1/(RC)}$，首先求出 $\dfrac{1}{RC}=1$，10，100 时，系统的幅频响应。

```
RC_n = [1 0.1 0.01];
```

```
N = length(RC_n);
omega = 0:0.01:100 * pi;
for k  = 1:N
     RC = RC_n(k);
     H = (1/RC)./(j * omega + 1/RC);
     subplot(N,1,k),plot(omega,abs(H));
end
```

运行结果如实验图 5-8 所示。

由实验图 5-8 可得，该 RC 电路是一个低通滤波器，截止频率和带宽都随着 $1/(RC)$ 的增大而增大。

求输入信号为门函数且 $\frac{1}{RC}=1$，10，100 时，RC 电路的输出信号。

```
RC_n = [1 0.1 0.01];
N = length(RC_n);
omega = -10 * pi:0.01:10 * pi;
F = sinc(omega/(2 * pi));% 输入信号的频谱
subplot(N+1,1,1),plot(omega,abs(F));
for k  = 1:N
     RC = RC_n(k);
     H = (1/RC)./(j * omega + 1/RC);
     Y = F. * H;   % 输出信号的频谱
     subplot(N+1,1,k+1),plot(omega,abs(Y));
end
```

运行结果如实验图 5-9 所示。

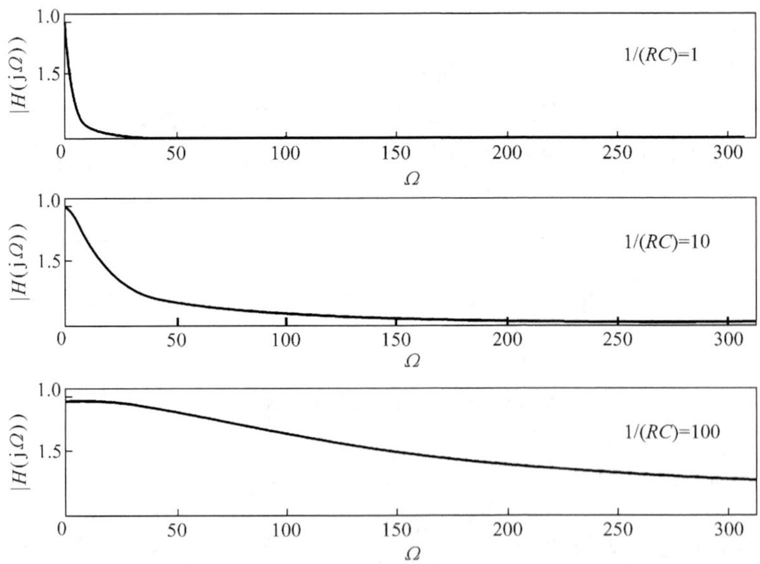

实验图 5-8　RC 电路的幅频响应

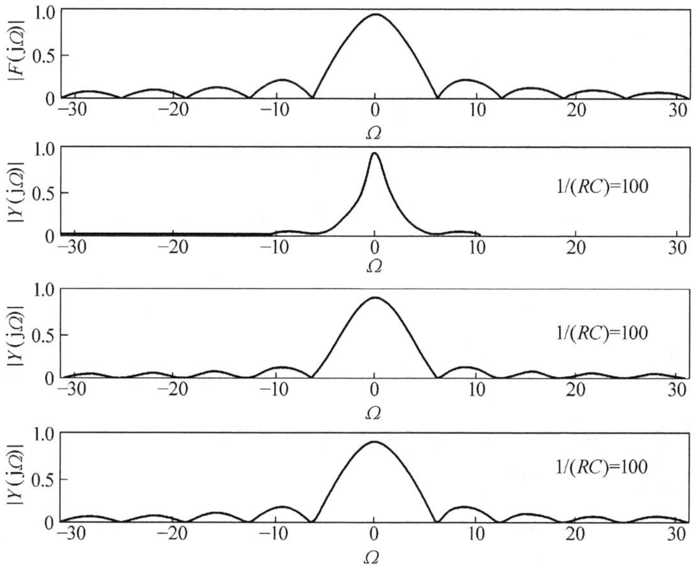

实验图 5-9　非周期输出信号的频谱图

由实验图 5-9 可看出，随着 1/(*RC*)的增大，输出信号的频谱越来越接近输入信号的频谱，这是因为随着带宽的增加，允许更多的高频分量通过。下面再从时域角度来观察。

```
RC_n = [1 0.1 0.01];
M = length(RC_n);
t = -1:0.01:1;
f = u(t+0.5) - u(t-0.5);
subplot(M+1,1,1);plot(t,f);
domega = 0.01;
omega = -10*pi:0.01:10*pi;
F = sinc(omega/(2*pi));
for m = 1:M
    RC = RC_n(m);
    H = (1/RC)./(j*omega+1/RC);
    Y = F.*H;
    y = Y*exp(j*omega'*t).*domega./(2*pi);% 求傅里叶反变换
    subplot(M+1,1,m+1);plot(t,abs(y));
end
```

运行结果如实验图 5-10 所示。

由实验图 5-10 可看出，随着 1/(*RC*)的增大，输出信号的波形越来越接近输入信号的波形，输出波形的上升和下降的时间缩短，由于高频成分增多，在波形的顶部和底部振荡更多。

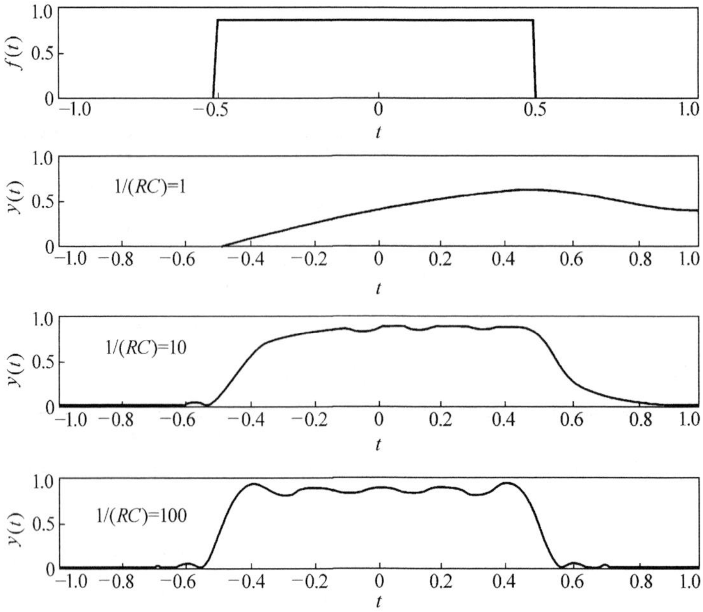

实验图 5-10　非周期输出信号的时域波形

```
%求周期信号输出的频谱
tao =0.5;
n = -20:20;
RC_n =[1 0.1 0.01];
N = length(RC_n);
Fn = tao * sinc(tao * n);%周期矩形脉冲信号的指数型傅里叶级数
subplot(411)
stem(n,abs(Fn),'.');
for k =1:N
    RC = RC_n(k);
    H = (1/RC)./(j * n * pi + 1/RC);%基波频率Ω0 = 2π/T = π
    Yn = Fn. * H;  %输出信号的频谱
    subplot(N+1,1,k+1);stem(n,abs(Yn),'.');
end
```

运行结果如实验图 5-11 所示。

由实验图 5-11 可看出，随着 $1/(RC)$ 的增大，输出信号的频谱越来越接近输入信号的频谱，高频分量越来越多。下面再从时域角度来观察。

```
tao =0.5;
t = -3:0.001:3;
f = rectpuls(t+2) + rectpuls(t) + rectpuls(t-2);%周期矩形脉冲
subplot(411)
plot(t,f);
n = -20:20;
```

```
omega0 = pi;
RC _ n = [1 0.1 0.01];
N = length(RC _ n);
Fn = tao * sinc(tao * n);
for k  = 1:N
    RC = RC _ n(k);
    H = (1/RC)./(j * n * pi + 1/RC);
    Yn = Fn. * H;
    y = Yn * exp(j * omega0 * n' * t); %通过求傅里叶级数得到输出信号的时域解
    subplot(N + 1,1,k + 1);plot(t,y);
end
```

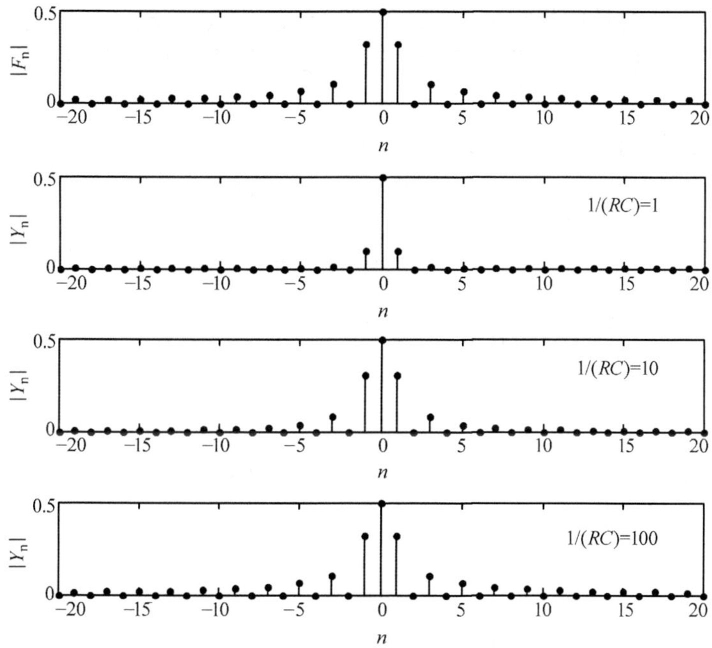

实验图 5-11　周期信号输出的频谱图

运行结果如实验图 5-12 所示。

由实验图 5-12 可看出，随着 $1/(RC)$ 的增大，输出信号的波形越来越接近输入信号的波形，也就是说滤波器的带宽越宽，输出信号的失真越小。

(3) 信号的无失真传输

从例 5-3 可以看出，输入信号是门函数，输出信号与输入信号并不相同，即信号在传输的过程中发生了失真。线性系统引起的失真有两种：一种是幅度失真，即信号通过系统时各频率分量产生不成比例的衰减或增大；一种是相位失真，即系统对各频率分量的相移不与频率成正比。

所谓无失真是指响应信号与激励信号相比，只有幅度大小和出现时间先后的不同，而没有波形上的变化。由于通过系统的信号不可避免地会发生时延，所以无失真传输要求时延是常数。设输入信号为 $f(t)$，那么经过无失真传输，输出信号应为

$$y(t)=Kf(t-t_{\mathrm{d}}) \tag{5-15}$$

即输出信号的幅度是输入信号幅度的 K 倍，而且比输入信号延时了 t_{d} 秒。

从时域角度出发，信号无失真传输的条件为

$$h(t)=K\delta(t-t_{\mathrm{d}}) \tag{5-16}$$

从频域的角度出发，信号无失真传输的条件为：

$$\left.\begin{aligned}|H(\mathrm{j}\Omega)|&=K\\ \varphi(\Omega)&=-\Omega t_{\mathrm{d}}\end{aligned}\right\} \tag{5-17}$$

式（5-17）表明为了做到无失真传输，频响函数必须具备以下两个条件：

1）要求系统在全部频率范围$(-\infty,+\infty)$内为常数，即系统的通带应为无穷大。

2）要求系统的相频特性应为通过原点的直线，即 $\varphi(\Omega)$ 在整个频率范围内与 Ω 成正比。

根据信号传输系统的具体情况或要求，以上条件可以适当放宽，如在传输有限带宽信号时，只要在信号所占有的频带范围内，系统的幅度、相位特性满足式(5-17)的条件就可以了。

实际上，由于信号的能量总是随着频率的增大而减少的，因此，系统只要有足够大的频宽，以保证包含绝大多数能量的频率分量能够通过，就可以获得较满意的传输质量。

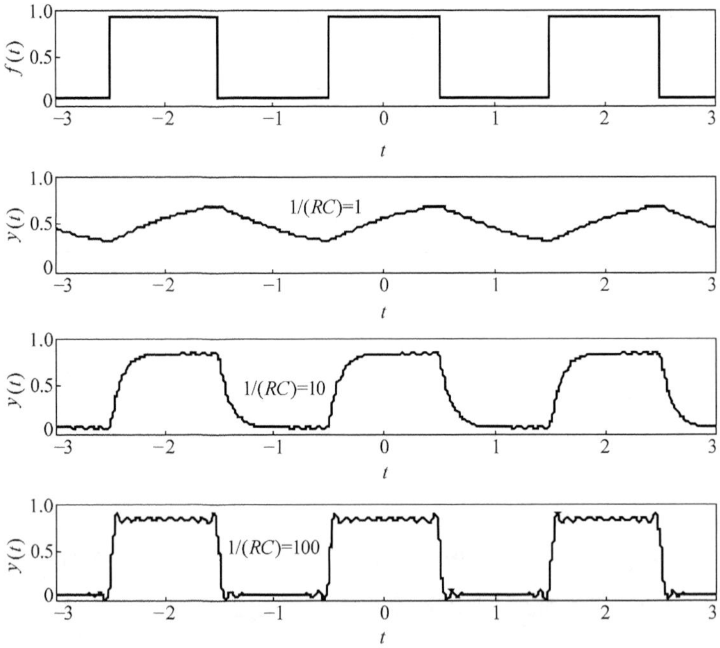

实验图 5-12　周期信号输出的时域波形

3. 连续 LTI 系统的复频域分析

（1）利用拉普拉斯变换求解微分方程

Laplace 变换是分析线性连续系统的有力工具，它将描述系统的时域微积分方程变换为 s 域的代数方程，便于运算和求解；同时，它将系统的初始状态自然地包含于象函数方程中，既可分别求得零输入响应和零状态响应，也可一举求得系统的全响应。

描述 n 阶线性时不变连续系统的微分方程的一般形式为

$$\sum_{i=0}^{n} a_i y^{(i)}(t) = \sum_{j=0}^{m} b_j f^{(j)}(t) \tag{5-18}$$

式（5-18）中，$f(t)$是因果激励，$y(0_-),y'(0_-),\cdots,y^{(n-1)}(0_-)$为系统的 n 个初始状态。根据时域微分特性，式（5-18）的单边 Laplace 变换式为

$$\sum_{i=1}^{n} a_i[s^iY(s)-s^{i-1}y(0_-)-s^{i-2}y'(0_-)-\cdots-y^{(i-1)}(0_-)]+a_0Y(s)=\sum_{j=0}^{m} b_j s^j F(s)$$

$$Y(s)=\frac{\sum_{i=1}^{n} a_i[s^{i-1}y(0_-)+s^{i-2}y'(0_-)+\cdots+y^{(i-1)}(0_-)]}{\sum_{i=0}^{n} a_i s^i}+\frac{\sum_{j=0}^{m} b_j s^j F(s)}{\sum_{i=0}^{n} a_i s^i} \tag{5-19}$$

零输入响应的 s 域表达式为

$$Y_{zi}(s)=\frac{\sum_{i=1}^{n} a_i[s^{i-1}y(0_-)+s^{i-2}y'(0_-)+\cdots+y^{(i-1)}(0_-)]}{\sum_{i=0}^{n} a_i s^i} \tag{5-20}$$

零状态响应的 s 域表达式为

$$Y_{zs}(s)=\frac{\sum_{j=0}^{m} b_j s^j F(s)}{\sum_{i=0}^{n} a_i s^i} \tag{5-21}$$

分别对 $Y_{zi}(s)$和 $Y_{zs}(s)$进行 Laplace 反变换，可得零输入和零状态响应的时域表达式，即

$$y_{zi}(t)=\mathscr{L}^{-1}[Y_{zi}(s)] \qquad y_{zs}(t)=\mathscr{L}^{-1}[Y_{zs}(s)]$$

MATLAB 提供了专门用于求拉普拉斯变换和反变换的函数，其调用格式如下：

F = laplace(f)：f 表示时域信号，F 是复频域信号，f、F 都是符号变量。

f = ilaplace(F)：f 表示时域信号，F 是复频域信号，f、F 都是符号变量。

下面用拉普拉斯变换求解例 5-1 的微分方程。

MATLAB 源程序如下：

```
syms t s sn Yzs Yzi
a = [1 3 2];b = [0 1 2];
f = t^2;
F = laplace(f);
y0 = [1 1];
sn = [s^2 s 1];
as = sn * a';bs = sn * b';
H = bs/as;
Yzs = F. * H;
yzs = ilaplace(Yzs);
disp('零状态响应');
pretty(yzs);
```

```
A=[a(1)*s+a(2) a(1)];
Y0s=A*y0';
Yzi=Y0s/as;
yzi=ilaplace(Yzi);
disp('零输入响应');
pretty(yzi);
y=yzs+yzi;
disp('全响应');
pretty(y);
```

运行结果如下：

零状态响应

$$t^2-2t+2-2\exp(-t)$$

零输入响应

$$-2\exp(-2t)+3\exp(-t)$$

全响应

$$t^2-2t+2-2\exp(-2t)+\exp(-t)$$

得到的结果与理论值一致。

（2）系统函数的意义及其表达式

在时域连续系统的复频域分析一章中知道，一个系统的系统函数 $H(s)$ 为系统零状态响应的拉氏变换 $R(s)$ 与激励的拉氏变换 $E(s)$ 之比，即

$$H(s)=\frac{R(s)}{E(s)} \tag{5-22}$$

系统函数和系统的冲激响应一样，同样能够完全刻画和表征一个 LTI 系统。系统函数在系统分析中占有很重要的地位，它可以用来分析系统的时域特性、频域特性和系统的稳定性。

（3）利用零极点分布分析连续系统特性

实际上，一个系统的系统函数总归会化成一个有理函数，即

$$H(s)=\frac{b_m s^m+b_{m-1}s^{m-1}+\cdots+b_0}{a_n s^n+a_{n-1}s^{n-1}+\cdots+a_0} \tag{5-23}$$

如果将式（5-23）的分子分母多项式进行因式分解，上式就变为

$$H(s)=K\frac{(s-z_1)(s-z_2)\cdots(s-z_M)}{(s-p_1)(s-p_2)\cdots(s-p_N)}=K\frac{\prod_{j=1}^{M}(s-z_j)}{\prod_{i=1}^{N}(s-p_i)} \tag{5-24}$$

其中，K 为归一化系数；z_j 为系统函数 $H(s)$ 的零点，共 M 个零点；p_i 为系统函数 $H(s)$ 的极点，共 N 个极点。式（5-24）表明，如果系统函数写成零极点表达式，则它的零极点分布就可以完全刻画和表征这个系统，因而，系统函数 $H(s)$ 的零极点分布完全决定了系统的特性。这样，就可以用系统函数 $H(s)$ 的零极点分布来分析系统的时域特性、频域特性和系统的稳定性。

为了利用系统函数的零极点分布来分析系统特性，首先说明如何求出系统函数的零极点，MATLAB 提供的求系统零极点的函数有

roots( )：利用多项式求根函数来确定系统函数的零极点位置；

roots(a)：求极点位置，**a** 为系统函数 $H(s)$ 分母多项式所构成的系数向量；

roots(b)：求零点位置，**b** 为系统函数 $H(s)$ 分子多项式所构成的系数向量；

[z,p,k] = tf2zp(b,a)：求系统函数的零极点，返回值 **z** 为零点行向量，**p** 为极点行向量，**k** 为系统传递函数的零极点形式的增益。**b** 为系统函数分子多项式的系数向量，**a** 为系统函数分母多项式系数向量。

[x,y] = meshgrid(x1,y1)：用来产生绘制平面图的区域，由 $x1$，$y1$ 来确定具体的区域范围，由此产生 s 平面区域。

meshgrid(x,y,fs)：绘制系统函数的零极点曲面图。

1）零极点分布与系统冲激响应时域特性的关系

由教材已经知道，系统函数 $H(s)$ 的极点位置决定着系统冲激响应 $h(t)$ 的波形：极点位于 s 平面的左半平面，$h(t)$ 是指数衰减或衰减正弦振荡；极点位于 s 平面的右半平面，$h(t)$ 是指数增长或增长正弦振荡；一阶极点位于虚轴，$h(t)$ 是等幅振荡或阶跃信号（原点）；二阶极点位于虚轴，则为增长正弦振荡或斜变信号（原点）。

系统函数的零点位置只影响冲激响应的幅度和相位，不影响波形。

2）零极点分布与系统频率响应的关系

已经讲授过，如果知道了系统的零极点分布，可用几何矢量法分析连续系统的频率响应 $|H(\mathrm{j}\Omega)|$。系统的幅频响应和相频响应分别为

$$|H(\mathrm{j}\Omega)| = \frac{\prod_{j=1}^{M} B_j}{\prod_{i=1}^{N} A_i} \tag{5-25}$$

$$\varphi(\Omega) = \sum_{j=1}^{M} \psi_j - \sum_{i=1}^{N} \theta_i \tag{5-26}$$

其中，B_j 就是零点 z_j 到虚轴上点 Ω 的矢量长度；ψ_j 是该矢量与水平轴的夹角——相角；A_i 就是极点 p_i 到虚轴上点 Ω 的矢量长度；θ_i 是该矢量的相角。式（5-25）和式（5-26）表明：

①系统的幅频特性 $|H(\mathrm{j}\Omega)|$ 等于系统函数所有零点矢量之积与所有极点矢量之积的比值；

②系统的相频特性 $\varphi(\Omega)$ 等于系统函数所有零点矢量的相角之和与所有极点矢量的相角之和的差值。

因此，如果让矢量 $\mathrm{j}\Omega$ 沿虚轴从小到大变换，即角频率 Ω 从 $0\sim\infty$ 变化，就可以求出系统的幅频响应和相频响应随 Ω 的变化特性。

3）零极点分布与系统稳定性的关系

稳定性是系统固有的性质，与激励信号无关，是系统的重要特性之一。由于系统函数能反映系统的所有固有特性，因而能根据系统函数的零极点分布判断系统的稳定性。由稳定性理论分析知道，一个连续系统稳定的充分必要条件是系统函数 $H(s)$ 为严格真有理分式，其全部极点位于 s 平面的左半平面内。因此，只要知道系统函数 $H(s)$ 的全部极点在 s 平面上的分布，就可据此判断该系统的稳定性。

下面举例说明零极点分布对连续系统特性的影响。

例 5-4 已知系统函数为 $H(s)=\dfrac{s^2-2s+0.8}{s^3+2s^2+2s+1}$，试用 MATLAB 画出系统的零极点分布图、冲激响应波形、阶跃响应波形、幅频响应曲线和相频响应曲线，并判断系统的稳定性。

MATLAB 程序如下：

```
num = [1  -2 0.8];den = [1 2 2 1];
subplot(231)
pzmap(num,den);
t =0:0.01:15;
subplot(232)
impulse(num,den,t);grid on
subplot(233)
step(num,den,t);grid on
omega =0:0.01:2 * pi;
H = freqs(num,den,omega);
subplot(223)
plot(omega,abs(H));grid on
subplot(224)
plot(omega,angle(H));grid on
```

运行结果如实验图 5-13 所示。

由实验图 5-13 可看出，系统的极点全部分布在左半平面，所以系统稳定。由例 5-4 可知，只要知道系统的系统函数或者描述系统的微分方程，那么系统的时域特性、频域特性就很容易得到。

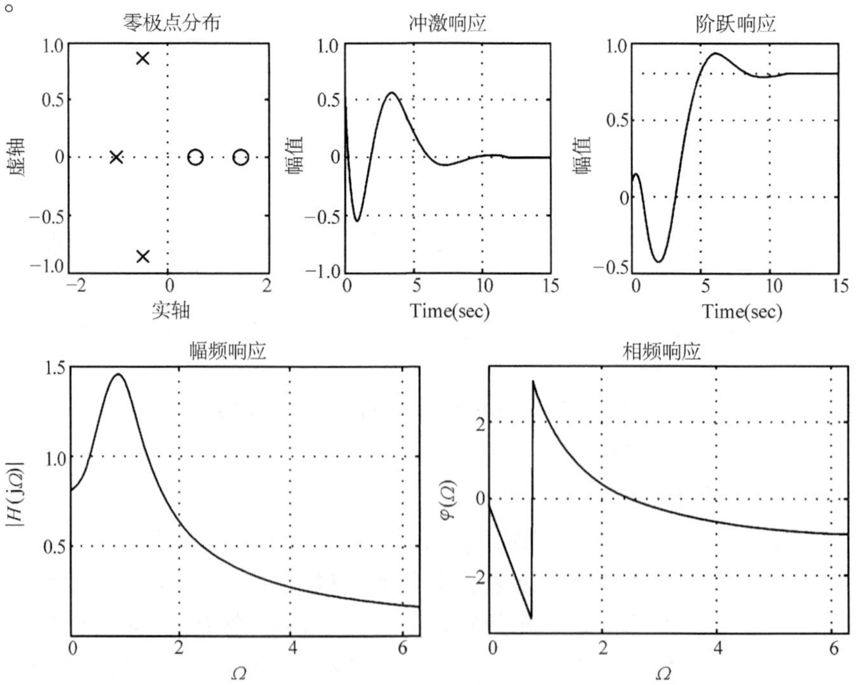

实验图 5-13 系统的零极点分布、冲激响应、阶跃响应、幅频特性和相频特性图

三、实验内容及步骤

1. 实验图 5-14 所示为一 RLC 串联电路，已知 $R=5\Omega$，$L=1\text{H}$，$C=(1/6)\text{F}$，1）请用 MATLAB 绘制出该系统的单位冲激响应和单位阶跃响应的波形；2）当输入信号 $v_s(t)=0.5e^{-2t}$时，请画出该系统的零状态响应波形；3）当电阻 R 分别为 4Ω、2Ω、0.8Ω、0.4Ω 时，观察它们的波形，并对波形的变化作出解释。

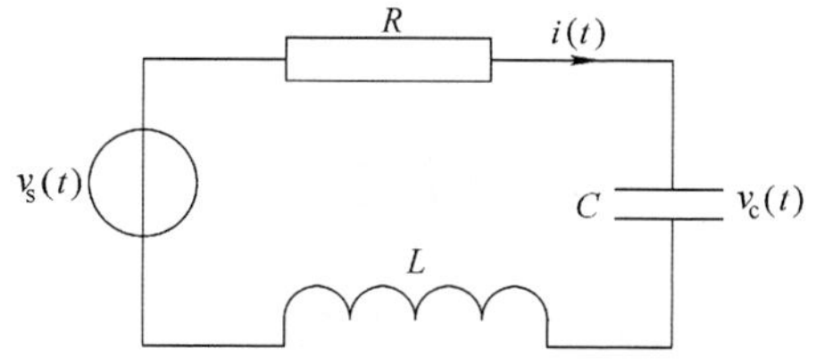

实验图 5-14　RLC 串联电路

2. 绘出实验图 5-14 所示系统的幅频响应和相频响应特性曲线，并讨论随着 R 的变化，幅频响应的变化规律。

3. 给出实验图 5-14 所示系统的零极点分布图，并讨论随着 R 的变化，系统稳定性的变化。

四、思考题

1. 如何根据系统的幅频特性计算出系统的截止频率？
2. 如何根据系统对单位阶跃信号的时间响应特性确定系统的上升时间？
3. 系统的截止频率和上升时间之间有什么关系？

五、实验报告要求

1. 简述实验目的和实验原理。
2. 按实验内容和步骤给出程序的源代码和运行结果，并对结果加以理论说明。
3. 总结实验中的主要结论、收获和体会。

实验六　离散线性时不变系统分析

一、实验目的

1. 掌握离散 LSI 系统的单位序列响应、单位阶跃响应和任意激励下响应的 MATLAB 求解方法。

2. 掌握离散 LSI 系统的频域分析方法。

3. 掌握离散 LSI 系统的复频域分析方法。

4. 掌握离散 LSI 系统的零极点分布与系统特性的关系。

二、实验原理及方法

1. 离散 LSI 系统的时域分析

描述一个 n 阶线性时不变离散时间系统的数学模型是线性常系数差分方程，n 阶离散 LSI 系统的差分方程一般形式为

$$\sum_{k=0}^{N} a_k y(n-k) = \sum_{i=0}^{M} b_i x(n-i) \tag{6-1}$$

也可用系统函数来表示

$$H(z) = \frac{Y(z)}{X(z)} = \frac{\sum_{i=0}^{M} b_i z^{-i}}{\sum_{k=0}^{N} a_k z^{-k}} = \frac{b(z)}{a(z)} = \frac{b_0 + b_1 z^{-1} + b_2 z^{-2} + \cdots + b_M z^{-M}}{1 + a_1 z^{-1} + a_2 z^{-2} + \cdots + a_N z^{-N}} \tag{6-2}$$

系统函数 $H(z)$ 反映了系统响应和激励间的关系。一旦上式中 a_k、b_i 的数据确定了，系统的性质也就确定了。特别注意 a_0 必须进行归一化处理，即 $a_0 = 1$。

对于复杂信号激励下的线性系统，可以在时域中将激励信号分解为单位序列或单位阶跃序列的线性叠加，把这些单元激励信号分别加于系统求其响应，然后把这些响应叠加，即可得到复杂信号作用于系统的零状态响应。因此，求解系统的单位序列响应和单位阶跃响应尤为重要。由实验图 6-1 可以看出一个离散 LSI 系统响应与激励的关系。

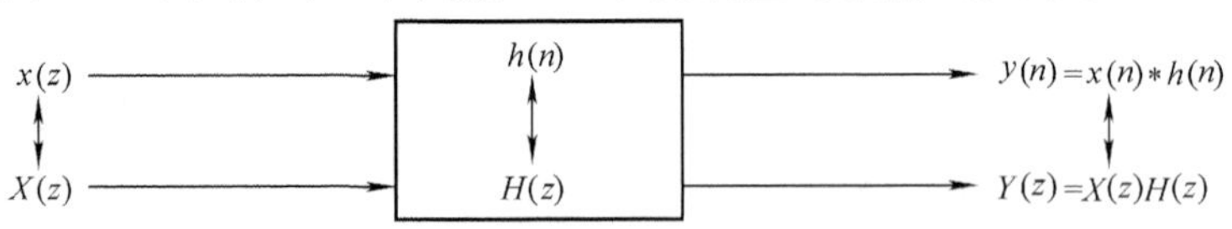

实验图 6-1　离散 LSI 系统响应与激励的关系

(1) 单位序列响应（单位响应）

单位响应 $h(n)$ 是指离散 LSI 系统在单位序列 $\delta(n)$ 激励下的零状态响应，因此 $h(n)$ 满足

线性常系数差分方程式（6-1）及零初始状态，即

$$\sum_{k=0}^{N} a_k h(n-k) = \sum_{i=0}^{M} b_i \delta(n-i), \quad h(-1) = h(-2) = \cdots = 0 \tag{6-3}$$

按照定义，它也可表示为

$$h(n) = h(n) * \delta(n) \tag{6-4}$$

对于离散 LSI 系统，若其输入信号为 $x(n)$，单位响应为 $h(n)$，则其零状态响应 $y_{zs}(n)$ 为

$$y_{zs}(n) = x(n) * h(n) \tag{6-5}$$

可见，$h(n)$ 能够刻画和表征系统的固有特性，与何种激励无关。一旦知道了系统的单位响应 $h(n)$，就可求得系统对任何输入信号 $x(n)$ 所产生的零状态响应 $y_{zs}(n)$。

MATLAB 提供了专门用于求离散系统冲激响应的函数 impz( )，其调用格式有：

[h,n] = impz(b,a)：求解离散系统的单位响应，其中 $b=[b_0,b_1,b_2,\cdots,b_M]$，$a=[1,a_1,a_2,\cdots,a_N]$，$n=[0,1,2,\cdots]'$；

[h,n] = impz(b,a,N)：求解离散系统的单位响应，采样点数由 N 确定，$n=[0,1,2,\cdots,N-1]'$；

impz(b,a)：在当前窗口，用 stem(n,h) 绘制图形。

（2）单位阶跃响应

单位阶跃响应 $s(n)$ 是指离散 LSI 系统在单位阶跃序列 $u(n)$ 激励下的零状态响应，它可以表示为

$$s(n) = u(n) * h(n) = \sum_{m=-\infty}^{n} h(m) \tag{6-6}$$

式（6-6）表明，离散 LSI 系统的单位阶跃响应是单位响应的累加和，系统的单位阶跃响应和系统的单位响应之间有着确定的关系，因此，单位阶跃响应也能完全刻画和表征一个 LSI 系统。

MATLAB 提供了专门用于求离散系统单位阶跃响应的函数 stepz( )，其调用格式有：

[s,n] = stepz(b,a)：求解离散系统的单位阶跃响应，其中 $b=[b_0,b_1,b_2,\cdots,b_M]$，$a=[1,a_1,a_2,\cdots,a_N]$，$n=[0,1,2,\cdots]'$；

[s,n] = stepz(b,a,N)：求解离散系统的单位阶跃响应，采样点数由 N 确定，$n=[0,1,2,\cdots,N-1]'$；

stepz(b,a)：在当前窗口，用 stem(n,s) 绘制图形。

（3）任意激励下的零状态响应

已经知道，离散 LSI 系统可用常系数线性差分方程式（6-1）式来描述，MATLAB 提供的函数 dlsim( ) 能对上述差分方程描述的离散 LSI 系统的响应进行仿真，该函数不仅能绘制指定时间范围内的系统响应波形，还能求出系统响应的数值解。其调用格式有：

dlsim(b,a,x)：求解输入序列为 x 的零状态响应。

需要特别强调的是，MATLAB 总是把由分子和分母多项式表示的任何系统都当作是因果系统。所以，利用 impz(b,a)，stepz(b,a)，dlsim(b,a,x) 函数求得的响应总是因果信号。

同时，卷积和也是 LSI 系统求解零状态响应的重要工具之一。假设系统的输入信号为 $x(n)$，单位响应为 $h(n)$，则系统的零状态响应 $y_{zs}(n)$ 可由式(6-5)求解。MATLAB 提供了专门用于求离散系统卷积和的函数 conv( )，其调用格式有：

y = conv(x,h)：求解序列 x，h 的卷积和，若序列 x 的长度为 n1，序列 h 的长度为 n2，卷积和 y 的长度为 n1 + n2 − 1。这一点需要特别注意，否则，作图时容易造成横、纵坐标长度不匹配。

例如，已知输入序列 $x(n)=0.8^n(0\leqslant n\leqslant 19)$，系统的单位响应 $h(n)=u(n)(0\leqslant n\leqslant 9)$，求系统的零状态响应。参考程序如下：

```
n1 = 0:19;
x = 0.8.^n1;
subplot(231)
stem(n1,x,'.');
title('x(n)');
n2 = 0:9;
h = ones(1,10);
subplot(232)
stem(n2,h,'.');
title('h(n)');
y = conv(x,h);                                 % 求卷积和
m1 = n1(1) + n2(1);                            % 卷积和的起始位置
m2 = n1(length(n1)) + n2(length(n2));          % 卷积和的结束位置
n3 = m1:m2;                                    % 卷积和的长度,这是需要特别注意的地方。
subplot(233)
stem(n3,y,'.');
title('y(n)');
```

运行结果如实验图 6-2 所示。

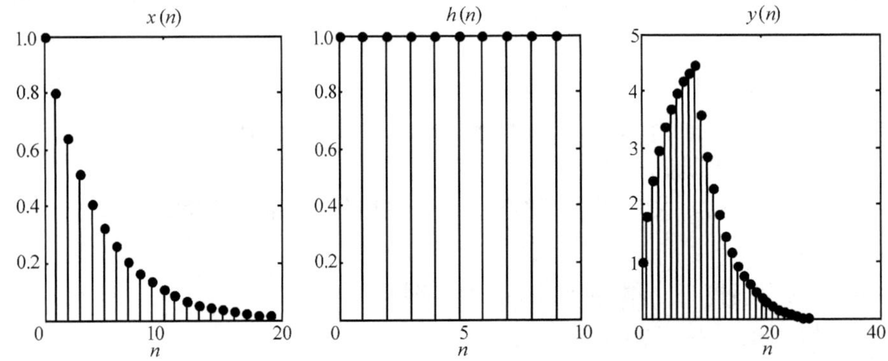

实验图 6-2　输入序列、单位序列及零状态响应

（4）带初始状态的任意激励下的全响应

任意激励下的离散 LSI 系统的全响应为零输入响应和零状态响应之和，表示为

$$y(n)=y_{zi}(n)+y_{zs}(n) \tag{6-7}$$

在理论学习的过程中，同学们对低阶差分方程的求解已颇为头痛，高阶差分方程直接求解几乎不可能。MATLAB 提供了用于求离散系统全响应的函数 filter()，其调用格式有：

y = filter(b,a,x)：求解零状态响应；

y = filter(b,a,x,zi)：求解初始条件为 zi 的系统的全响应，***zi*** 向量的长度为 max(length(a),length(b)) -1，返回值为系统的全响应。

z = filtic(b,a,y,x)：将初始状态转换为初始条件，其中 $x=[x(-1),x(-2),x(-3),\cdots,x(-m)]$，$y=[y(-1),y(-2),y(-3),\cdots,y(-n)]$；

z = filtic(b,a,y)：将初始状态转换为初始条件，其中 $x=0$，$y=[y(-1),y(-2),y(-3),\cdots,y(-n)]$。

例 6-1 某 LSI 系统的差分方程表示式为

$$y(n)+3y(n-1)+2y(n-2)=x(n)$$

满足初始状态 $y(-1)=0$，$y(-2)=0.5$，用 filter( ) 子函数求系统输入为 $x(n)=2^n u(n)$ 时的零输入响应、零状态响应及全响应。

通过解差分方程，可以得到全响应为 $y(n)=\left[\frac{1}{3}2^n-(-2)^n+\frac{2}{3}(-1)^n\right]u(n)$，下面使用 filter( ) 子函数对系统差分方程进行求解，同时将求解结果与理论推导出来的结果进行比较，求解结果与比较见实验图 6-3。参考程序如下：

```
a = [1 3 2];  % 输入系统系数 a、b
b = [1];
N = 20;
n = 0:N-1;
x0 = zeros(1,N);                          % 建立零输入信号
y0 = [0 0.5];                             % 输入初始状态
x = 2.^n;                                 % 建立输入信号
zi = filtic(b,a,y0);                      % 由初始状态计算初始条件
yzi = filter(b,a,x0,zi);                  % 求零输入响应
zi1 = filtic(b,a,0);                      % 计算初始状态为 0 的情况
yzs = filter(b,a,x,zi1);                  % 求零状态响应
y = filter(b,a,x,zi);                     % 求系统的全响应
yy = 2/3.*(-1).^n + 1/3.*2.^n - (-2).^n;  % 输入系统全响应的理论值
subplot(231),stem(n,x,'.'); title('输入信号');
subplot(232),stem(n,yzi,'.');title('系统的零输入响应');
subplot(233),stem(n,yzs,'.');title('系统的零状态响应');
subplot(223),stem(n,y,'.');title('系统的全响应');
subplot(224),stem(n,yy,'.');title('理论计算的系统全响应');
```

由实验图 6-3 可看出，理论计算的全响应和用 filter( ) 函数计算出来的全响应是一致的，从而为求解差分方程提供了一种简便的方法。

2. 离散 LSI 系统的复频域（z 域）分析

（1）利用 z 变换解差分方程

在前面实验图 6-1 中表示了离散系统的响应与激励的关系，由图可知，系统的响应既可以用时域的方法求解，也可以用 z 域的方法求解。当已知系统输入序列的 z 变换 $X(z)$ 及系统函数 $H(z)$ 时，系统响应序列的 z 变换可由 $Y(z)=X(z)H(z)$ 求出。MATLAB 提供了用于求序列 z 变换和 z 反变换的函数，其调用格式有：

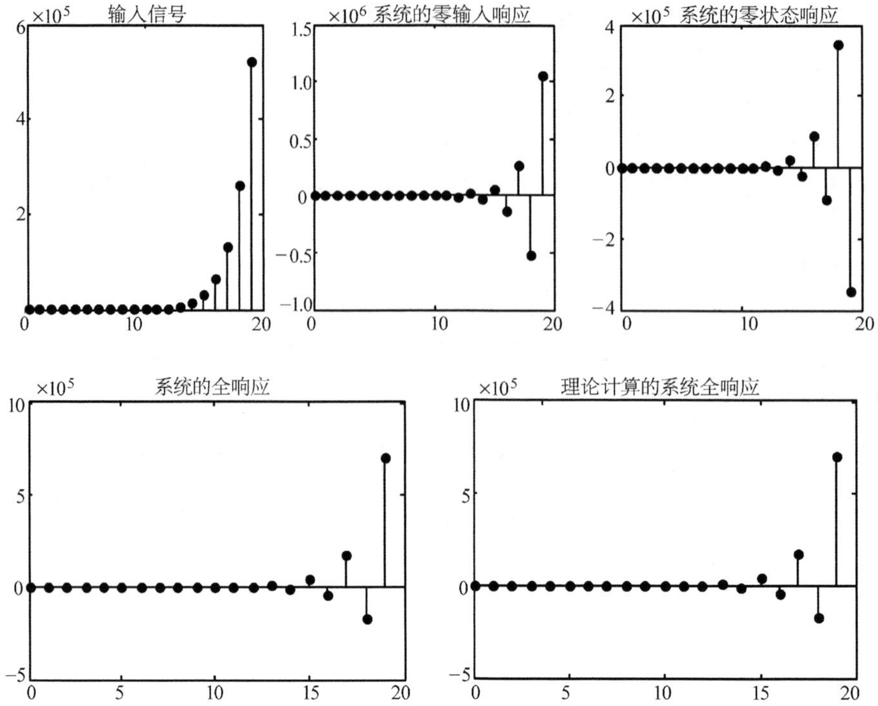

实验图 6-3　系统的零输入响应、零状态响应及全响应

X = ztrans(x)：求无限长序列 x 的 z 变换，返回 z 变换的表达式，注意这里 x、X 都是符号表达式；

x = iztrans(X)：求 X(z)的 z 反变换 $x(n)$，返回 z 反变换的表达式，注意这里 x、X 都是符号表达式；

[r,p,c] = residuez(b,a)：把 b(z)/a(z)展开成部分分式；

[b,a] = residuez(r,p,c)：根据部分分式的 r、p、c 数组，返回有理多项式。

例 6-2　某离散系统，其输入为 $x(n) = h(n) = a^n$，求当 $a = 2$ 时系统的零状态响应。分别利用 z 变换和卷积和进行求解，结果如实验图 6-4 所示。参考程序如下：

```
syms a n z        %定义符号变量
x = a.^n;         %输入 x
X = ztrans(x);    %对 x 作 z 变换
H = X;
Y = X * H;        %利用 z 变换求零状态响应的 z 域解
y = iztrans(Y)    %求 z 反变换
```

返回值为：

```
a^n + a^n * n
```

再编写画图程序

```
n = 0:20;
y = (1 + n). * 2.^n;
stem(n,y,'.');
```

利用 conv( )实现的过程

```
n =0:20;
x =2.^n;
y = conv(x,x);
stem(y(1:21),'. ');
```

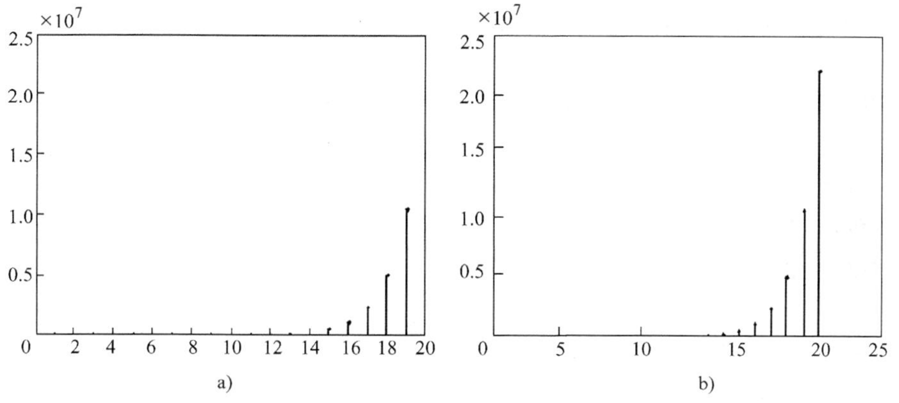

实验图 6-4　利用 z 变换求解零状态响应

a）利用 z 变换　b）利用卷积和

由实验图 6-4 可知，用 z 变换和卷积和的方法得到的系统零状态响应是一致的。在实际应用中，一般采用卷积和的方法，因为这种方法采用的数值运算，编程简单。

（2） 系统的零极点分布与系统因果性和稳定性的关系

因果系统的单位响应 $h(n)$一定满足当 $n<0$ 时，$h(n)=0$，那么其系统函数 $H(z)$的收敛域一定包含∞点，即∞点不是极点，极点分布在某个圆的圆内，收敛域是圆外区域。

系统稳定要求 $\sum_{n=-\infty}^{\infty}|h(n)|<\infty$，对照 z 变换定义，系统稳定要求收敛域包含单位圆。如果系统因果且稳定，收敛域包含∞点和单位圆，那么收敛域可表示为

$$r<|z|\leqslant\infty,\ 0<r<1 \tag{6-8}$$

MATLAB 提供了用于求系统零极点的函数，其调用格式有：

roots( )：利用多项式求根函数来确定系统函数的零极点位置；

roots(a)：求极点位置，$\boldsymbol{a}$ 为系统函数 $H(z)$分母多项式所构成的系数向量；

roots(b)：求零点位置，$\boldsymbol{b}$ 为系统函数 $H(z)$分子多项式所构成的系数向量；

zplane(b,a)：绘制由行向量 $\boldsymbol{b}$ 和 $\boldsymbol{a}$ 构成的系统函数的零极点分布图；

zplane(z,p)：绘制由列向量 确定的零点、列向量 $\boldsymbol{p}$ 确定的极点构成的零极点分布图。

例 6-3　已知离散系统的系统函数为

$$H(z)=\frac{4-1.6z^{-1}-1.6z^{-2}+4z^{-3}}{1+0.4z^{-1}+0.35z^{-2}-0.4z^{-3}}$$

求该系统的零极点，并绘出零极点分布图，通过零极点的分布判断系统的因果性和稳定性。

MATLAB 参考程序如下：

```
b=[4 -1.6 -1.6 4];
a=[1 0.4 0.35 -0.4];
z=roots(b);  %求系统的零点
p=roots(a);  %求系统的极点
subplot(221),zplane(b,a);
title('系统的零极点分布图');
subplot(222),impz(b,a,20);
title('系统的单位响应');
```

运行结果如下，其零极点分布图和单位响应如实验图 6-5 所示。

```
z =
  -1.0000
   0.7000 + 0.7141i
   0.7000 - 0.7141i
p =
  -0.4500 + 0.7730i
  -0.4500 - 0.7730i
   0.5000
```

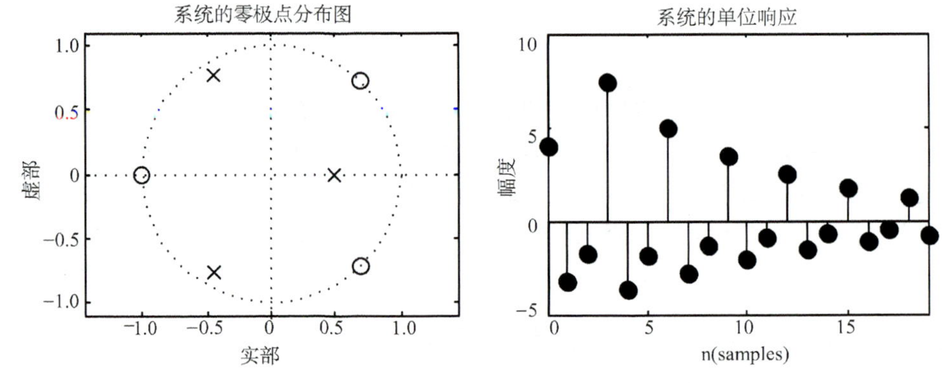

实验图 6-5　离散系统的零极点分布及单位响应

由实验图 6-5 可见，该系统的所有极点均在单位圆内，系统的单位响应随着 n 增大而收敛，因此，该系统是一个因果稳定系统。

(3) 系统的零极点分布与系统频率响应的关系

将式(6-2)因式分解，得到

$$H(z) = A\frac{\prod_{m=1}^{M}(1-c_m z^{-1})}{\prod_{k=1}^{N}(1-d_k z^{-1})} \tag{6-9}$$

式中，$A=b_0/a_0$，c_m 是 $H(z)$ 的零点，d_k 是其极点。A 参数影响频率响应的幅度大小，影响系统特性的是零点 c_m 和极点 d_k 的分布。下面采用几何方法研究系统零极点分布对系统频率特性的影响。

将式(6-9)的分子、分母同乘以 z^{N+M}，得到

$$H(z)=A\frac{\prod\limits_{m=1}^{M}(1-c_mz^{-1})}{\prod\limits_{k=1}^{N}(1-d_kz^{-1})}=Az^{N-M}\frac{\prod\limits_{m=1}^{M}(z-c_m)}{\prod\limits_{k=1}^{N}(z-d_k)} \tag{6-10}$$

假设系统稳定，将 $z=e^{j\omega}$ 代入式(6-10)，得到频率响应

$$H(e^{(j\omega)})=Ae^{j(N-M)\omega}\frac{\prod\limits_{m=1}^{M}(e^{j\omega}-c_m)}{\prod\limits_{k=1}^{N}(e^{j\omega}-d_k)}=|H(e^{j\omega})|e^{j\arg[H(e^{j\omega})]} \tag{6-11}$$

设 $N=M$，由式(6-11)得到

$$H(e^{j\omega})=A\frac{\prod\limits_{m=1}^{N}(e^{j\omega}-c_m)}{\prod\limits_{k=1}^{N}(e^{j\omega}-d_k)} \tag{6-12}$$

在 z 平面上，$(e^{j\omega}-c_m)$ 用一根由零点 c_m 指向单位圆($e^{j\omega}$)上任一点 B 的向量 $\overrightarrow{c_mB}$ 表示，同样 $(e^{j\omega}-d_k)$ 用一根由极点 d_k 指向单位圆($e^{j\omega}$)上任一点 B 的向量 $\overrightarrow{d_kB}$ 来表示，$\overrightarrow{c_mB}$ 和 $\overrightarrow{d_kB}$ 分别称为零点矢量和极点矢量，用极坐标表示为：$\overrightarrow{c_mB}=c_me^{j\alpha_m}$，$\overrightarrow{d_kB}=d_ke^{j\beta_k}$。

将 $\overrightarrow{c_mB}$ 和 $\overrightarrow{d_kB}$ 表示式代入式(6-12)，得到

$$H(e^{j\omega})=A\frac{\prod\limits_{m=1}^{N}(e^{j\omega}-c_m)}{\prod\limits_{k=1}^{N}(e^{j\omega}-d_k)}=A\frac{\prod\limits_{m=1}^{N}\overrightarrow{c_mB}}{\prod\limits_{k=1}^{N}\overrightarrow{d_kB}}=|H(e^{j\omega})|e^{j\varphi(\omega)}$$

$$|H(e^{j\omega})|=A\frac{\prod\limits_{m=1}^{N}c_m}{\prod\limits_{k=1}^{N}d_k} \tag{6-13}$$

$$\varphi(\omega)=\sum_{m=1}^{N}\alpha_m-\sum_{k=1}^{N}\beta_k \tag{6-14}$$

系统或者信号的频率特性由式(6-13)和式(6-14)确定。按照式(6-13)，知道零极点的分布后，可以很容易地确定零极点位置对系统特性的影响。当 B 点转到极点附近时，极点矢量长度最短，因而幅度特性可能出现峰值，且极点越靠近单位圆，极点矢量长度越短，峰值越高越尖锐(如果极点在单位圆上，则幅度特性为∞，系统不稳定)；对于零点，情况相反，当 B 点转到零点附近时，零点矢量长度变短，幅度特性将出现谷值，且零点越靠近单位圆，谷值越接近零(当零点在单位圆上时，谷值为零)。综上所述，极点位置主要影响频响的峰值位置及尖锐程度，零点位置主要影响频响的谷值位置及形状。

MATLAB 提供了专门用于求离散系统频率响应的函数 freqz( )，其调用格式如下：

[H,w] = freqz(b,a,n)：返回数字系统的 n 点频率值(复数)，这 n 个点均匀地分布在[0，π]上，系统默认的采样点数目为 512 点；

[H,f] = freqz(b,a,n,Fs)：用于对 $H(e^{j\omega})$ 在[0，Fs/2]上等间隔采样 n 点，采样点频率及相应的频响值分别存放在 f 和 H 中；

H = freqz(b,a,w)：用于对 $H(e^{j\omega})$ 在[0，2π]上进行采样，采样频率点由 w 指定；

H = freqz(b,a,f,Fs)：用于对 $H(e^{j\omega})$ 在[0，Fs]上进行采样，采样频率点由 f 指定。

freqz(b,a,n)：用于在当前图形窗口中绘制幅频和相频特性曲线。

下面介绍几个实用的函数：

mag = abs(H)：求解系统的绝对幅频响应；

db = 20 * log10((mag + eps)/max(mag))：求解系统的相对幅频响应；

pha = angle(H)：求解系统的相频响应；

grd = grpdelay(b,a,w)：求解系统的群延迟。

下面举例说明如何利用上述函数计算并绘制系统频率响应特性曲线的编程方法。

例 6-4　已知离散系统的系统函数为

$$H(z)=\frac{0.1-0.2z^{-2}+0.2z^{-4}-0.1z^{-6}}{1+0.6z^{-2}+0.4z^{-4}+0.04z^{-6}}$$

绘出系统的零极点分布图，系统在 0 ~ π 频率范围内的绝对幅频响应、相对幅频响应、相位频率响应和群延迟，并观察零极点分布与系统幅频响应的关系。

MATLAB 参考程序如下：

```
b = [0.1 0  -0.2 0 0.2 0  -0.1];
a = [1 0 0.6 0 0.4 0 0.04];
z = roots(b);   %求系统的零点
p = roots(a);   %求系统的极点
zplane(b,a);
title('零极点分布图');
n = (0:500) * pi/500;
figure(2)
[H,w] = freqz(b,a,n);
subplot(221),plot(w/pi,abs(H));grid   %绘制系统的绝对幅频响应曲线
axis([0 1 1.1 * min(abs(H))1.1 * max(abs(H))]);
title('绝对幅频响应');
subplot(222),plot(w/pi,angle(H));grid   %绘制系统的相频响应曲线
axis([0 1 1.1 * min(angle(H))1.1 * max(angle(H))]);
title('相频响应');
db = 20 * log10(abs(H));   %求系统的相对幅频响应
subplot(223),plot(w/pi,db);grid
axis([0 1  -100 5]);
title('相对幅频响应(dB)');
grd = grpdelay(b,a,w);   %求系统的群延迟
subplot(224),plot(w/pi,grd);grid
title('群延迟');
```

程序运行结果如实验图 6-6 所示。

```
z =
    1.0000
    0.8660 + 0.5000i
```

```
  0.8660 - 0.5000i
 -0.8660 + 0.5000i
 -0.8660 - 0.5000i
 -1.0000
p =
  0.4150 + 0.6435i
  0.4150 - 0.6435i
 -0.4150 + 0.6435i
 -0.4150 - 0.6435i
       0 + 0.3411i
       0 - 0.3411i
```

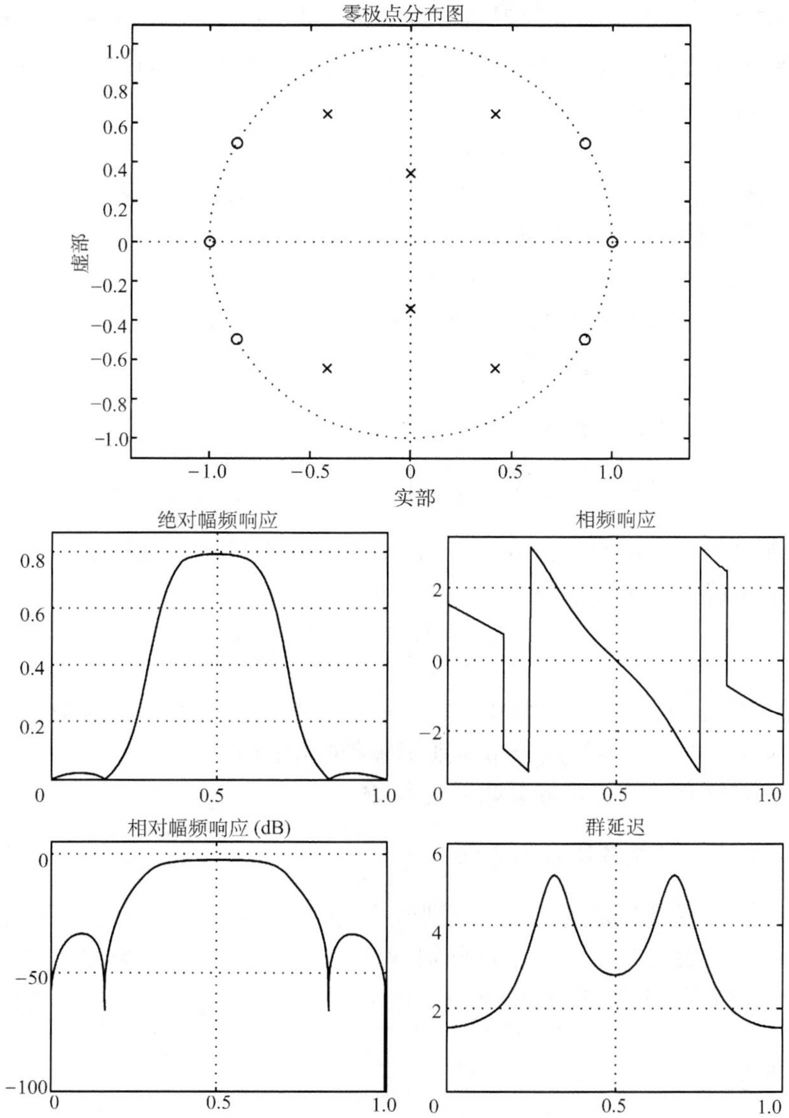

实验图 6-6　离散系统的频率响应特性

由实验图 6-6 可看出，在 0 ~ π 频率范围内，零点集中在 0 和 π 附近，所以在 0 和 π 附近对应着幅频响应的谷值；极点集中在 π/2 附近，所以在 π/2 附近对应着幅频响应的峰值，在绝对幅频响应和相对幅频响应图中都映证了这一点。

三、实验内容及步骤

1. 某离散 LSI 系统的差分方程表示式为

$$y(n)-1.5y(n-1)+0.5y(n-2)=x(n)$$

若系统满足初始条件 $y(-1)=4$，$y(-2)=10$，求系统的单位响应和单位阶跃响应，并用 filter 子函数求系统输入为 $x(n)=(0.25)^n u(n)$ 时的零输入响应、零状态响应及全响应。

提示：通过解差分方程，可以得到全响应为 $y(n)=\left[\left(\frac{1}{2}\right)^n+\frac{1}{3}\left(\frac{1}{4}\right)^n+\frac{2}{3}\right]u(n)$，使用 filter 子函数对系统差分方程进行求解，同时将求解结果与理论计算的结果进行比较。

2. 一简单的数字微分器

$$y(n)=x(n)-x(n-1)$$

它用于计算输入序列的后向一阶差分。当数字微分器的输入为以下序列时，计算、绘出输出序列，并对该数字微分器的实用性进行评价。

（1）矩形脉冲：$x_1(n)=5[u(n)-u(n-20)]$

（2）三角脉冲：$x_2(n)=n[u(n)-u(n-10)]+(20-n)[u(n-10)-u(n-20)]$

（3）正弦脉冲：$x_3(n)=\sin\left(\frac{\pi n}{25}\right)[u(n)-u(n-100)]$

3. 已知离散系统的系统函数为

$$H(z)=\frac{0.2+0.1z^{-1}+0.3z^{-2}+0.1z^{-3}+0.2z^{-4}}{1-1.1z^{-1}+1.5z^{-2}-0.7z^{-3}+0.3z^{-4}}$$

求该系统的零、极点，绘出零极点分布图，并判断系统的因果性和稳定性。

4. 已知离散系统的系统函数为

$$H(z)=\frac{0.1+0.4z^{-2}+0.4z^{-4}+0.1z^{-6}}{1-0.3z^{-2}+0.6z^{-4}-0.2z^{-6}}$$

绘出系统的零极点分布图，系统在 0 ~ π 频率范围内的绝对幅频响应、相对幅频响应、相频响应和群延迟，并观察零极点分布与系统幅频响应的关系。

5. 观察系统零极点的位置对幅频响应的影响。

已知一阶离散系统的系统函数为 $H(z)=\frac{z-z_1}{z-p_1}$。

（1）假设系统的零点在原点，极点分别取 0.2、0.5、0.8，比较它们的幅频响应曲线。

（2）假设系统的极点在原点，零点分别取 0.2、0.5、0.8，比较它们的幅频响应曲线，从中总结零极点位置对幅频响应的影响。

四、思考题

1. 卷积和的长度与作卷积和的序列长度有何关系？如何确定卷积和的起始点和终止点？

2. 系统在原点处的零极点对系统的幅频响应有何影响？为什么？
3. 利用实验原理中提到的函数分析教材中的全通滤波器和梳状滤波器。

五、实验报告要求

1. 简述实验目的和实验原理。
2. 按实验内容和步骤给出程序的源代码和运行结果，并对结果加以理论说明。
3. 总结实验中的主要结论、收获和体会。

实验七　IIR 数字滤波器的设计

一、实验目的

1. 加深对模拟滤波器基本类型、特点和主要设计指标的了解，掌握模拟原型低通滤波器的设计方法，学会用 MATLAB 函数设计模拟原型低通滤波器。

2. 加深对模拟域频率变换法的了解，掌握用 MATLAB 函数实现模拟域频率变换，设计高通、带通、带阻滤波器的方法。

3. 加深对冲激响应不变法设计 IIR 数字滤波器的了解，掌握用 MATLAB 函数实现冲激响应不变法的方法。

4. 加深对双线性变换法设计 IIR 数字滤波器的了解，掌握用 MATLAB 函数实现双线性变换的方法。

5. 掌握 IIR 数字滤波器的直接设计法。

二、实验原理及方法

1. 模拟原型低通滤波器的设计

设计模拟原型低通滤波器是根据一组技术指标来设计模拟系统函数 $H_a(s)$，使其逼近理想低通滤波器的幅频特性。

模拟原型低通滤波器的幅频特性如实验图 7-1 所示。

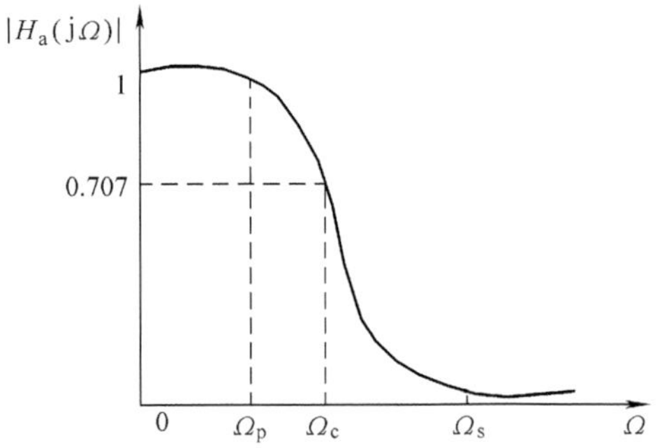

实验图 7-1　模拟原型低通滤波器的幅频特性

模拟原型低通滤波器的技术指标有 Ω_p、α_p、Ω_s 和 α_s。其中，Ω_p 和 Ω_s 分别称为通带截止频率和阻带截止频率，α_p 是通带($\Omega=0\sim\Omega_p$)内的最大衰减系数，α_s 是阻带($\Omega\geqslant\Omega_s$)内的最小衰减系数。α_p 和 α_s 可分别表示为

$$\alpha_p=10\lg\frac{|H_a(j0)|^2}{|H_a(j\Omega_p)|^2}\text{dB}$$

$$\alpha_s=10\lg\frac{|H_a(j0)|^2}{|H_a(j\Omega_s)|^2}\text{dB}$$

如果 $\Omega=0$ 处的幅度已归一化到 1，即 $|H_a(j0)|=1$，则 α_p 和 α_s 可进一步表示为

$$\alpha_p=-10\lg|H_a(j\Omega_p)|^2\text{dB} \tag{7-1}$$

$$\alpha_s=-10\lg|H_a(j\Omega_s)|^2\text{dB} \tag{7-2}$$

模拟滤波器的技术指标给定后，需要根据这组指标设计模拟系统函数 $H_a(s)$，使其逼近理想滤波器特性，一般是根据幅度平方函数 $|H_a(j\Omega)|^2$ 来逼近的。典型的模拟滤波器有巴特

沃斯（Butterworth）滤波器、切比雪夫（Chebyshev）滤波器、椭圆（Ellipse）滤波器等。每种典型滤波器都有其不同的特点，下面分别介绍。

（1）巴特沃斯原型低通滤波器的设计

巴特沃斯原型低通滤波器的幅度平方函数定义为

$$|H_a(j\Omega)|^2=\frac{1}{1+\left(\frac{\Omega}{\Omega_c}\right)^{2N}} \tag{7-3}$$

式中，N 为正整数，表示滤波器的阶次；Ω_c 为 3dB 截止频率，其特性如下：

1）最平坦函数

幅频特性随 Ω 增大而单调下降。当 $\Omega\to0$ 时，$|H_a(j\Omega)|\to1$；当 $\Omega\to\infty$ 时，$|H_a(j\Omega)|\to0$。这就是说，Ω 在 0 附近以及 Ω 很大时，幅频特性都接近理想情况，而且在这两处曲线趋于平坦，因此巴特沃斯滤波器又称为最平坦幅频特性滤波器。

2）3dB 截止频率

当 $\Omega=\Omega_c$ 时，$|H_a(j\Omega_c)|^2=\frac{1}{2}$，$10\lg|H_a(j\Omega_c)|^2=10\lg\frac{1}{2}\approx-3\text{dB}$，就是说，在 Ω_c 处，幅度平方下降了一半，即 3dB。显然，不管 N 为多少，所有的幅频曲线都通过 −3dB 点。

3）N 的影响

当 $0<\Omega<\Omega_c$ 时，由于 $0<(\Omega/\Omega_c)<1$，故 N 越大，$|H_a(j\Omega)|$ 随 Ω 增大而下降越慢；当 $\Omega>\Omega_c$ 时，由于 $(\Omega/\Omega_c)>1$，故 N 越大，$|H_a(j\Omega)|$ 随 Ω 增大而下降越快。因此，N 越大，巴特沃斯滤波器的幅频特性越接近理想的幅频特性。

MATLAB 提供了用于设计巴特沃斯原型低通滤波器的函数，其调用格式如下：

[N,Wn] = buttord(Wp,Ws,Rp,Rs,'s')：其中，参数 Wp 和 Ws 分别是通带边界频率和阻带边界频率，Wp 和 Ws 的单位是 rad/s；Rp 和 Rs 分别为通带最大衰减和阻带最小衰减（dB）。返回的参数 N 和 Wn 分别为滤波器的阶数和 3dB 截止频率。对于带通和带阻滤波器，Wp 和 Ws 都是二维向量，向量的第一个元素对应低端的边界频率，第二个元素对应高端的边界频率。

[b,a] = butter(N,Wn)：其中，N 和 Wn 分别为滤波器的阶数和 3dB 截止频率。利用此函数可以获得低通滤波器系统函数的分子多项式（b）和分母多项式（a）的系数。

[B,A] = butter(N,Wn,'high')：可以获得高通滤波器系统函数的分子多项式（b）和分母多项式（a）的系数。

[B,A] = butter(N,Wn,'stop')：可以获得带阻滤波器系统函数的分子多项式（b）和分母多项式（a）的系数。

[z,p,k] = buttap(N)：设计一个 N 阶的归一化的巴特沃斯原型低通模拟滤波器，返回滤波器的零点、极点和增益，此时 z 为空。

例 7-1 设计一个巴特沃斯原型模拟低通滤波器，要求通带截止频率 $f_p=5\text{kHz}$，通带最大衰减 $\alpha_p=2\text{dB}$，阻带截止频率 $f_s=12\text{kHz}$，阻带最小衰减 $\alpha_s=30\text{dB}$。要求绘出滤波器的幅频特性曲线。

参考程序如下：

```
fp = 5000;
wp = 2 * pi * fp;
```

```
fs = 12000;
ws = 2 * pi * fs;
rp = 2;
rs = 30;
[N, Wn] = buttord(wp, ws, rp, rs, 's');
[b, a] = butter(N, Wn, 's');
freqs(b, a)
```

运行结果如实验图 7-2 所示。

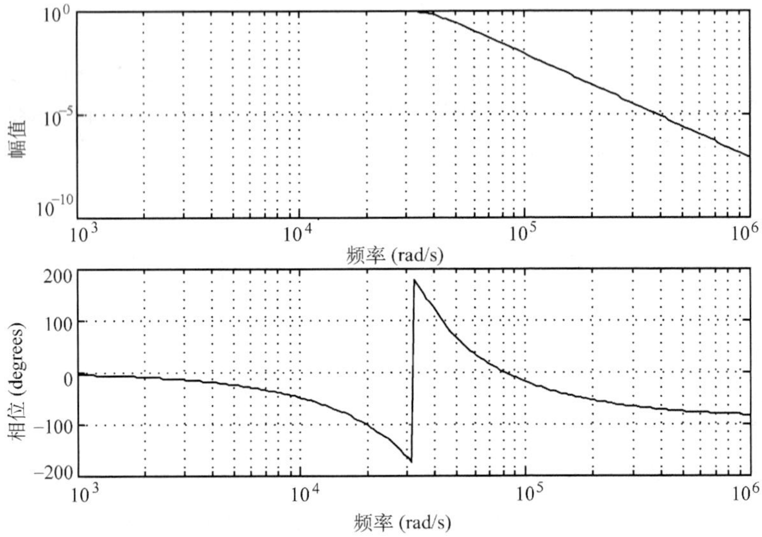

实验图 7-2　巴特沃斯原型模拟低通滤波器的幅频特性和相频特性

如果将 freqs(b,a)改为:

```
H = 20 * log10(abs(freqs(b, a, w)));
```

运行结果如实验图 7-3 所示。

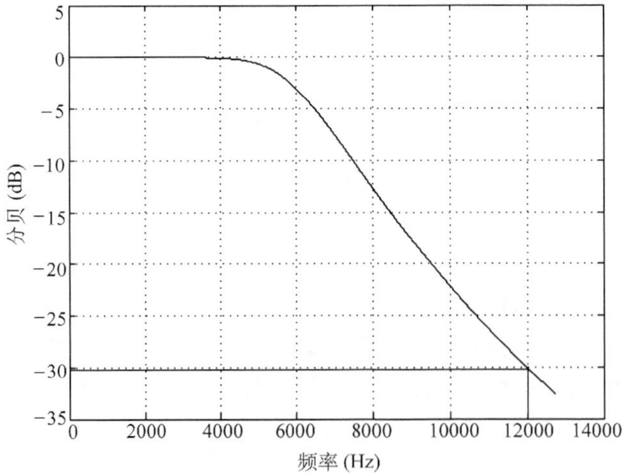

实验图 7-3　巴特沃斯原型模拟低通滤波器幅频特性的分贝表示

由实验图 7-3 可知，该设计结果满足在通带最大衰减 $\alpha_p = 2\text{dB}$，在阻带最小衰减 $\alpha_s = 30\text{dB}$ 的要求。

（2）切比雪夫原型低通滤波器的设计

巴特沃斯滤波器的幅频特性是在通带和阻带边缘满足技术指标，而且幅频特性无论在通带还是阻带都随频率而单调变化，因而在通带和阻带内肯定会有裕量，也就是会超过指标的要求，因而并不经济。所以，更有效的方法是将指标的精度要求均匀地分布在通带内，或均匀分布在阻带内，或同时均匀分布在通带与阻带内。这样，在相同的通带和阻带性能要求下，就可设计出阶数较低的滤波器。这种精度均匀分布的办法，可通过选择具有等波纹特性的逼近函数来完成。

切比雪夫滤波器的幅频特性就在一个频带中（通带或阻带）具有这种等波纹特性。它有两种类型：

1）切比雪夫Ⅰ型

该类型幅频特性在通带内是等波纹的，在过渡带和阻带内是单调下降的。

2）切比雪夫Ⅱ型

该类型幅频特性在通带和过渡带内是单调下降的，在阻带内是等波纹的。

由实际应用的要求来确定采用哪种类型的切比雪夫滤波器。这里先讨论切比雪夫Ⅰ型低通滤波器的设计方法，切比雪夫Ⅱ型设计方法与Ⅰ型类似。

切比雪夫Ⅰ型低通滤波器的幅度平方函数为

$$|H_a(\mathrm{j}\Omega)|^2 = \frac{1}{1+\varepsilon^2 C_N^2(\Omega/\Omega_p)} \tag{7-4}$$

式中，ε 为小于 1 的正数，表示通带内幅度波动的程度，ε 越大，波动幅度就越大；$C_N(x)$ 称为 N 阶切比雪夫多项式。切比雪夫Ⅰ型滤波器幅频特性在通带内是等波纹的，在过渡带和阻带内是单调下降的。其特性如下：

1）阶数 N 等于通带内最大值和最小值的总个数。

2）当 $\Omega=0$ 时，且

$$N \text{ 为奇数，则} |H_a(\mathrm{j}0)| = 1$$

$$N \text{ 为偶数，则} |H_a(\mathrm{j}0)| = 1/\sqrt{1+\varepsilon^2}$$

3）当 $\Omega=\Omega_c$ 时，有 $|H_a(\mathrm{j}\Omega_p)| = 1/\sqrt{1+\varepsilon^2}$，即所有幅频特性曲线都通过该点。

4）在通带内，即当 $\Omega<\Omega_p$ 时，$|H_a(\mathrm{j}\Omega)|$ 在 $1\sim 1/\sqrt{1+\varepsilon^2}$ 之间等波纹地起伏。

5）在通带外，即当 $\Omega>\Omega_p$ 时，$|H_a(\mathrm{j}\Omega)|$ 随 Ω 增大而单调下降。

6）增大 ε 会使阻带衰减增大，从而改善阻带特性；但同时通带波纹幅度增大，通带特性变坏。

7）增大 N 可使阻带衰减增大；N 的大小只影响通带内波动的疏密，并不影响通带内波动的幅度，因此可以说不影响通带特性。

MATLAB 提供了用于设计切比雪夫原型低通滤波器的函数，其调用格式如下：

[N, Wn] = cheb1ord(Wp, Ws, Rp, Rs, 's')：其中，参数 Wp 和 Ws 分别是通带边界频率和阻带边界频率，Wp 和 Ws 的单位是 rad/s；Rp 和 Rs 分别为通带最大衰减和阻带最小衰减（dB）。返回切比雪夫Ⅰ型滤波器的阶数 N 和通带截止频率 Wn。对于带通和带阻滤波器，

Wp 和 Ws 都是二维向量，向量的第一个元素对应低端的边界频率，第二个元素对应高端的边界频率。

[N,Wn] = cheb2ord(Wp,Ws,Rp,Rs,'s')：参数同 cheb1ord，返回切比雪夫Ⅱ型滤波器的阶数 N 和通带截止频率 Wn。

[b,a] = cheby1(N,R,Wn)：其中，N 和 Wn 分别为滤波器的阶数和通带截止频率，R 为纹波参数 $\varepsilon=\sqrt{10^{0.1\alpha_p}-1}$。利用此函数可以获得低通滤波器系统函数的分子多项式（b）和分母多项式（a）的系数。cheby2 与 cheby1 调用格式相同。

[B,A] = cheby1(N, R,Wn,'high')：可以获得高通滤波器系统函数的分子多项式（b）和分母多项式（a）的系数。cheby2 与 cheby1 调用格式相同。

[B,A] = cheby1(N,R,Wn,'stop')：可以获得带阻滤波器系统函数的分子多项式（b）和分母多项式（a）的系数。cheby2 与 cheby1 调用格式相同。

[z,p,k] = cheb1ap(N,Rp)：返回一个 N 阶的归一化的切比雪夫Ⅰ型低通滤波器的零点、极点和增益。切比雪夫Ⅰ型低通模拟滤波器在阻带是最平坦的。

[z,p,k] = cheb2ap(N,Rs)：返回一个 N 阶的归一化的切比雪夫Ⅱ型低通滤波器的零点、极点和增益。切比雪夫Ⅱ型低通模拟滤波器在通带是最平坦的。

例 7-2 设计切比雪夫滤波器，设计指标要求同例 7-1。

参考程序如下：

```
fp = 5000;
wp = 2 * pi * fp;
fs = 12000;
ws = 2 * pi * fs;
rp = 2;
rs = 30;
[N,Wn] = cheb1ord(wp,ws,rp,rs,'s');
[z,p,k] = cheb1ap(N,rp);
b = k * real(poly(z)); % poly( )求零点向量对应的特征多项式
a = real(poly(p));     %求极点向量对应的特征多项式
[H,omega] = freqs(b,a);
dbH = 20 * log10((abs(H) + eps)/max(abs(H)));
subplot(221),plot(omega * Wn/(2 * pi),abs(H));grid
axis([0,15000,0,1.1]);ylabel('幅度');xlabel('f(Hz)');
subplot(222),plot(omega * Wn/(2 * pi),angle(H));grid
axis([0,15000,-4,4]);ylabel('相位');xlabel('f(Hz)');
subplot(212),plot(omega * Wn/(2 * pi),dbH);grid
axis([0,14000,-40,2]);ylabel('幅度(dB)');xlabel('f(Hz)');
```

运行结果如实验图 7-4 所示。

由实验图 7-4 可知，该设计结果满足在通带最大衰减 $\alpha_p=2\text{dB}$，在阻带最小衰减 $\alpha_s=30\text{dB}$ 的要求。由于通带是等波纹的，在相同的技术指标下，设计的巴特沃斯滤波器的阶数为 5，而切比雪夫Ⅰ型的阶数为 3。可见，当对通带的特性要求不高的情况下，切比雪夫Ⅰ型能以较低的阶次实现设计要求。

将[N,Wn] = cheb1ord(wp,ws,rp,rs,'s');[z,p,k] = cheb1ap(N,rp);改为：[N,Wn] = cheb2ord(wp,ws,rp,rs,'s'); [z,p,k] = cheb2ap(N,rs);

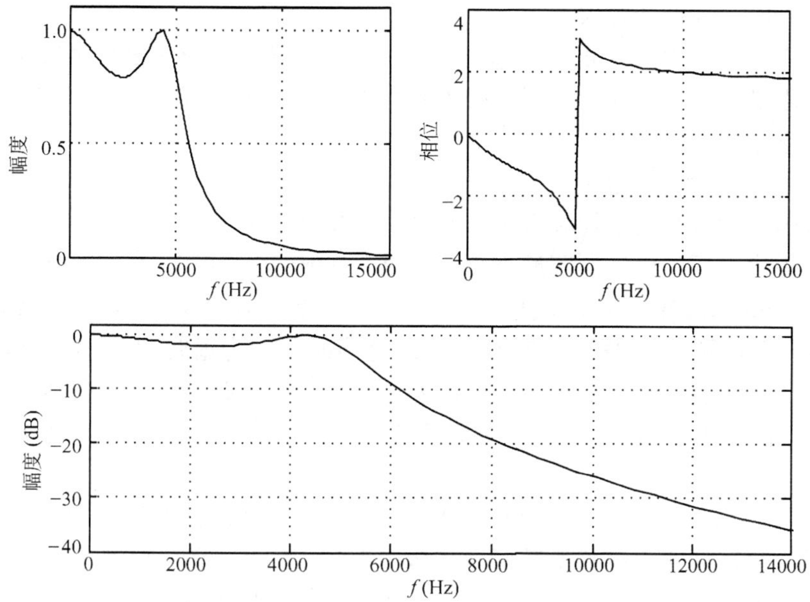

实验图 7-4　切比雪夫 I 型低通滤波器的幅频特性及相频特性

即可实现切比雪夫Ⅱ型滤波器的设计，运行结果如实验图 7-5 所示。

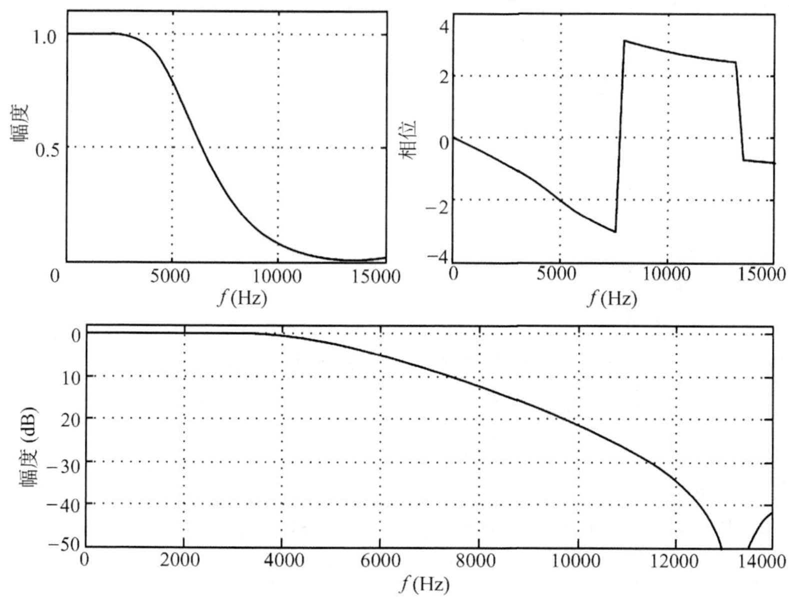

实验图 7-5　切比雪夫Ⅱ型低通滤波器的幅频特性及相频特性

由实验图 7-5 可知，该设计结果满足在通带最大衰减 $\alpha_p=2\text{dB}$，在阻带最小衰减 $\alpha_s=30\text{dB}$ 的要求。由于阻带是等波纹的，在相同的技术指标下，设计的巴特沃斯滤波器的阶数为 5，而切比雪夫Ⅱ型的阶数为 3。可见，当对阻带的特性要求不高的情况下，切比雪夫Ⅱ型能以较低的阶次实现设计要求。

切比雪夫Ⅰ型和切比雪夫Ⅱ型的选择：当对通带的特性要求不高的情况下，选择切比雪夫Ⅰ型，这时阻带是最平坦的；当对阻带的特性要求不高的情况下，选择切比雪夫Ⅱ型，这时通带是最平坦的。

（3）椭圆原型低通滤波器的设计

椭圆滤波器在通带和阻带均具有等波纹的幅频响应。

MATLAB 提供了用于设计椭圆原型低通滤波器的函数，其调用格式如下：

[N,Wn] = ellipord(Wp,Ws,Rp,Rs,'s')：其中，参数 Wp 和 Ws 分别是通带边界频率和阻带边界频率，Wp 和 Ws 的单位是 rad/s；Rp 和 Rs 分别为通带最大衰减和阻带最小衰减（dB）。返回椭圆滤波器的阶数 N 和通带截止频率 Wn。对于带通和带阻滤波器，Wp 和 Ws 都是二维向量，向量的第一个元素对应低端的边界频率，第二个元素对应高端的边界频率。

[b,a] = ellip(N,Rp,Rs,Wn)：其中，N 和 Wn 分别为滤波器的阶数和通带截止频率 Wn。利用此函数可以获得低通滤波器系统函数的分子多项式（b）和分母多项式（a）的系数。

[B,A] = ellip(N,Rp,Rs,Wn,'high')：可以获得高通滤波器系统函数的分子多项式（b）和分母多项式（a）的系数。

[B,A] = ellip (N,Rp,Rs,Wn,'stop')：可以获得带阻滤波器系统函数的分子多项式（b）和分母多项式（a）的系数。

[z,p,k] = ellipap(N,R,Rs)：返回一个 N 阶的归一化的椭圆低通模拟滤波器的零点、极点和增益。R 为通带的纹波系数，Rs 为阻带的最小衰减。

例 7-3 设计椭圆滤波器，设计指标要求同例 7-1。

参考程序中只需将例 7-2 的程序中：

```
[N,Wn] = cheb1ord(wp,ws,rp,rs,'s');
[z,p,k] = cheb1ap(N,rp);
```

改为：

```
[N,Wn] = ellipord(wp,ws,rp,rs,'s');
[z,p,k] = ellipap(N,rp);
```

运行结果如实验图 7-6 所示。

由实验图 7-6 可知，该设计结果满足在通带最大衰减 $\alpha_p=2\text{dB}$，在阻带最小衰减 $\alpha_s=30\text{dB}$ 的要求。由于通带和阻带都是等波纹的，在相同的技术指标下，椭圆滤波器能以更低的阶次实现，但是是以牺牲通带和阻带的平坦性为代价的。

2. 模拟域频率变换的实现

高通、带通和带阻滤波器的系统函数可以通过频率变换，分别由低通滤波器的系统函数求得。因此不论设计哪种类型的滤波器，都应先将该类滤波器的技术指标转换为低通滤波器的技术指标，并设计低通滤波器；然后通过频率变换，将低通滤波器的系统函数转换成所需类型滤波器的系统函数。

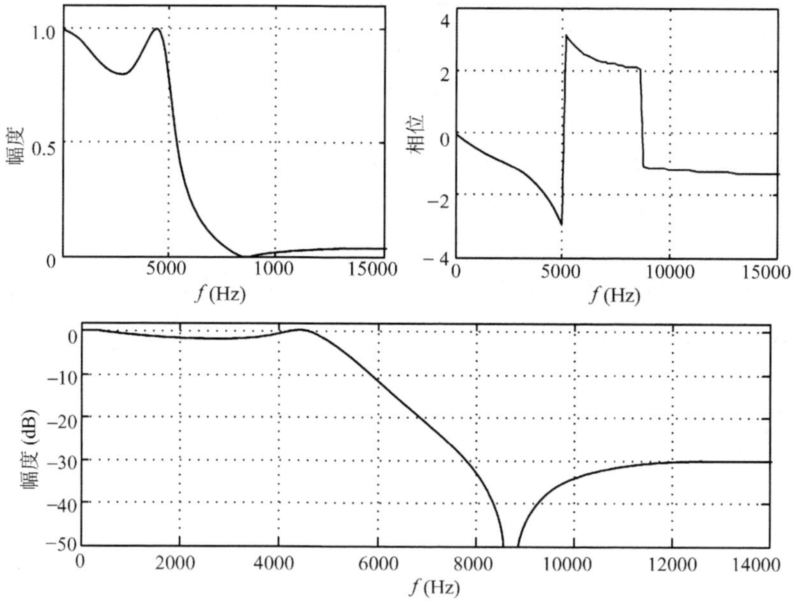

实验图 7-6　椭圆原型低通滤波器的幅频特性及相频特性

（1）低通到高通的频率变换

$$H(s)=H(q)\Big|_{q=\frac{s}{\Omega_c}}=G(p)\Big|_{q=\frac{\Omega_c}{s}} \tag{7-5}$$

其中，$G(p)$表示低通滤波器的归一化系统函数；Ω_c 表示低通滤波器的 3dB 衰减频率。

（2）低通到带通的频率变换

$$H(s)=H(q)\Big|_{q=\frac{s}{B}}=G(p)\Big|_{p=\frac{s^2+B^2\eta_0^2}{sB}}=G(p)\Big|_{p=\frac{s^2+\Omega_0^2}{sB}}=G(p)\Big|_{p=\frac{s^2+\Omega_u\Omega_l}{s(\Omega_u-\Omega_l)}} \tag{7-6}$$

其中，Ω_u 和 Ω_l 分别称为带通滤波器的通带上限频率和通带下限频率；Ω_0 为通带中心频率；$B=\Omega_u-\Omega_l$，称为通带带宽，一般用 B 作为归一化参考频率。

（3）低通到带阻的频率变换

$$H(s)=H(q)\Big|_{q=\frac{s}{B}}=G(p)\Big|_{p=\frac{sB}{s^2+B^2\eta_0^2}}=G(p)\Big|_{p=\frac{sB}{s^2+\Omega_0^2}}=G(p)\Big|_{p=\frac{s(\Omega_u-\Omega_l)}{s^2+\Omega_u\Omega_l}} \tag{7-7}$$

其中，Ω_u 和 Ω_l 分别称为带阻滤波器的上通带截止频率和下通带截止频率；Ω_0 为阻带中心频率 $\Omega_0^2=\Omega_u\Omega_l$；$B=\Omega_u-\Omega_l$，称为阻带带宽，一般用 B 作为归一化参考频率。

MATLAB 提供了用于设计高通、带通、带阻滤波器的函数，其调用格式如下：

[bt,at] = lp2lp(b,a,w0)：将系统函数截止频率为 1rad/s 的模拟低通滤波器原型变换成截止频率为 w0 的低通滤波器；

[bt,at] = lp2hp(b,a,w0)：将系统函数截止频率为 1rad/s 的模拟低通滤波器原型变换成截止频率为 w0 的高通滤波器；

[bt,at] = lp2bp(b,a,w0,BW)：将系统函数截止频率为 1 rad/s 的模拟低通滤波器原型变换成中心频率为 w0、带宽为 BW 的带通滤波器；

[bt,at] = lp2bs(b,a,w0,BW)：将系统函数截止频率为 1rad/s 的模拟低通滤波器原型变换成中心频率为 w0、带宽为 BW 的带阻滤波器。

[N,Wn] = buttord(Wp,Ws,Rp,Rs,'s')：通过 buttord( )、cheb1ord( )、cheb2ord( )、ellipord( ) 函数也可以直接设计高通、带通、带阻滤波器。其中，参数 Wp 和 Ws 分别是通带边界频率和阻带边界频率，Wp 和 Ws 的单位是 rad/s；Rp 和 Rs 分别为通带最大衰减和阻带最小衰减（dB)。对于带通和带阻滤波器，Wp 和 Ws 都是二维向量，向量的第一个元素对应低端的边界频率，第二个元素对应高端的边界频率。

例 7-4 设计一个巴特沃斯模拟高通滤波器，要求满足通带截止频率 $f_p = 20\text{Hz}$，通带最大衰减 $\alpha_p = 3\text{dB}$，阻带截止频率 $f_s = 10\text{Hz}$，阻带最小衰减 $\alpha_s = 15\text{dB}$。绘出滤波器的幅频特性曲线。

参考程序如下：

```
fp = 20;
wp = 2 * pi * fp;
fs = 15;
ws = 2 * pi * fs;
rp = 3;
rs = 15;
[N,omegac] = buttord(wp,ws,rp,rs,'s');
[z0,p0,k0] = buttap(N);
b0 = k0 * real(poly(z0));   % 求模拟原型低通滤波器的系数 b0
a0 = real(poly(p0));        % 求模拟原型低通滤波器的系数 a0
[H,omega0] = freqs(b0,a0); % 求模拟原型低通滤波器的频率响应
dbH = 20 * log10((abs(H) + eps)/max(abs(H)));
[b1,a1] = lp2hp(b0,a0,omegac); % 从归一化低通向实际高通转换
[H1,omega1] = freqs(b1,a1); % 求实际高通滤波器的频率响应
dbH1 = 20 * log10((abs(H1) + eps)/max(abs(H1)));
subplot(221),plot(omega0/(2 * pi),dbH);grid
axis([0,1,-50,1]);title('归一化模拟低通原型幅度响应');
ylabel('dB');
subplot(222),plot(omega0/(2 * pi),angle(H));grid
axis([0,1,-4,4]); title ('归一化模拟低通原型相位响应');
ylabel('弧度');
subplot(223),plot(omega1/(2 * pi),dbH1);grid
axis([0,2 * fs,-50,1]); title ('实际模拟高通幅度响应');
ylabel('dB');xlabel('频率(Hz)');
subplot(224),plot(omega1/(2 * pi),angle(H1));grid
axis([0,2 * fs,-4,4]); title ('实际模拟高通相位响应');
ylabel('弧度');xlabel('频率(Hz)');
```

运行结果如实验图 7-7 所示。

由实验图 7-7 可知，该设计结果在通带和阻带截止频率处满足通带最大衰减 $\alpha_s = 3\text{dB}$，阻带最小衰减 $\alpha_s = 15\text{dB}$ 的要求。

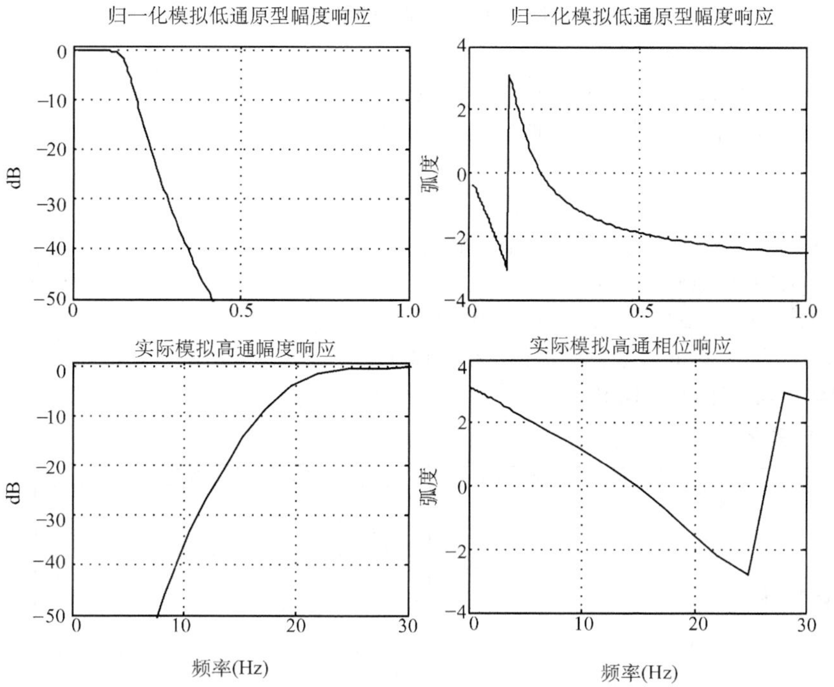

实验图 7-7　通过频率变换实现的模拟高通滤波器的频率特性

例 7-5　设计一个切比雪夫Ⅰ型模拟带通滤波器，要求通带范围为 10 ~ 25Hz，阻带截止频率分别为 5Hz、30Hz，通带最大衰减为 3dB，阻带最小衰减为 30dB。绘出归一化低通原型滤波器和带通滤波器的幅频特性曲线。

参考程序如下：

```
fp1 = 10;wp1 = 2 * pi * fp1;
fp2 = 25;wp2 = 2 * pi * fp2;
omegap = [wp1 wp2];
fs1 = 5;ws1 = 2 * pi * fs1;
fs2 = 30;ws2 = 2 * pi * fs2;
omegas = [ws1 ws2];
bw = wp2 - wp1;w0 = sqrt(ws1 * ws2); %求通带带宽和中心频率
rp = 3;rs = 30;
[N,omegac] = cheb1ord(omegap,omegas,rp,rs,'s');
[z0,p0,k0] = cheb1ap(N,rp);
b0 = k0 * real(poly(z0)); %求模拟原型低通滤波器的系数 b0
a0 = real(poly(p0)); %求模拟原型低通滤波器的系数 a0
[H,omega0] = freqs(b0,a0); %求模拟原型低通滤波器的频率响应
dbH = 20 * log10((abs(H) + eps)/max(abs(H)));
[b1,a1] = lp2bp(b0,a0,w0,bw); %从归一化低通变换到实际的模拟带通
[H1,omega1] = freqs(b1,a1); %求实际带通滤波器的频率特性
dbH1 = 20 * log10((abs(H1) + eps)/max(abs(H1)));
subplot(221),plot(omega0/(2 * pi),dbH);grid
```

```
axis([0,1,-50,1]);title('归一化模拟低通原型幅度响应');
ylabel('dB');
subplot(222),plot(omega0/(2*pi),angle(H));grid
axis([0,1,-4,4]); title ('归一化模拟低通原型相位响应');
ylabel('弧度');
subplot(223),plot(omega1/(2*pi),dbH1);grid
axis([0,40,-50,1]); title ('实际模拟带通幅度响应');
ylabel('dB');xlabel('频率(Hz)');
subplot(224),plot(omega1/(2*pi),angle(H1));grid
axis([0,40,-4,4]); title ('实际模拟带通相位响应');
ylabel('弧度');xlabel('频率(Hz)');
```

运行结果如实验图 7-8 所示。

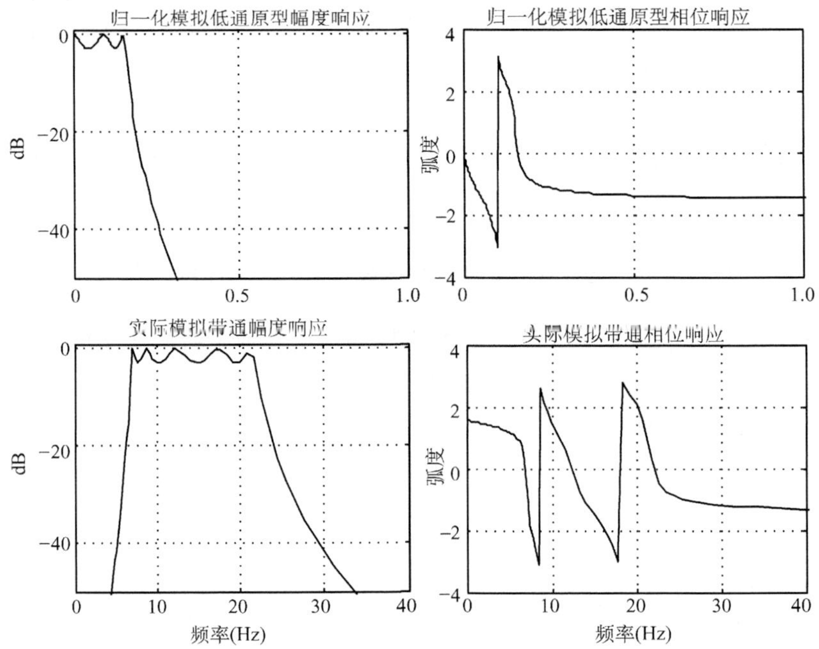

实验图 7-8　由归一化原型低通滤波器变换得到的实际模拟带通滤波器的频率特性

由实验图 7-8 可知，模拟带通滤波器的频率特性是由原型低通滤波器的频率特性关于中心频率对称构成，该设计结果在通带和阻带截止频率处满足通带最大衰减 $\alpha_p=3\text{dB}$，阻带最小衰减 $\alpha_s=30\text{dB}$ 的要求。

从归一化原型低通滤波器向实际模拟带阻滤波器的转换可自己练习。

3. 用冲激响应不变法设计 IIR 数字滤波器

冲激响应不变法是一种时域上的转换方法，使得数字滤波器的单位响应 $h(n)$ 与模拟滤波器的单位冲激响应 $h_a(t)$“相似”。以某个采样间隔 T 对 $h_a(t)$ 采样得到 $h(n)$，即

$$h(n)=h_a(t)|_{t=nT}$$

令

$$h_a(t)\xrightarrow{\text{LT}}H_a(s),\ h(n)\xrightarrow{\text{ZT}}H(z)$$

则

$$H(z)\big|_{z=e^{sT}}=\frac{1}{T}\sum_{k=-\infty}^{\infty}H_a\left(s-j\frac{2\pi}{T}k\right) \tag{7-8}$$

数字滤波器的频率响应和模拟滤波器的频率响应间的关系为

$$H(e^{j\omega})=\frac{1}{T}\sum_{k=-\infty}^{\infty}H_a\left(j\Omega-j\frac{2\pi}{T}k\right) \tag{7-9}$$

这就是说，数字滤波器的频率响应是模拟滤波器频率响应的周期延拓。只有当模拟滤波器的频率响应是带限的，且带限于折叠频率以内时，才不会产生频率混叠。因此，模拟滤波器的频率特性应满足条件

$$当|\Omega|\geqslant\frac{\Omega_s}{2}=\frac{\pi}{T}时，H_a(j\Omega)=0$$

那么

$$H(e^{j\omega})=\frac{1}{T}H_a(j\omega)\qquad |\omega|<\pi \tag{7-10}$$

综上所述，冲激响应不变法的优点为：数字滤波器的单位冲激响应完全模仿模拟滤波器的单位冲激响应，即时域特性逼近好；模拟频率 Ω 和数字频率 ω 之间呈线性关系 $\omega=\Omega T$，如果不考虑频率混叠现象，用该方法设计的数字滤波器会很好地重现原模拟滤波器的频率特性。缺点为：会产生频率响应的混叠现象。

所以，该方法只适用于带限的模拟滤波器，如衰减特性很好的低通或带通滤波器。阻带衰减越大，则混叠效应越小。至于高通和带阻滤波器，由于其在高频部分不衰减，必定产生严重的频谱混叠现象。除非先对高通和带阻滤波器进行预滤波，滤掉高于折叠频率以上的频率，然后再使用冲激响应不变法转换为数字滤波器，当然这样会进一步增加设计复杂性。

MATLAB 提供了用于实现冲激响应不变法的函数，其调用格式如下：

[bz,az] = impinvar(b,a,Fs)：实现用冲激响应不变法将模拟滤波器转换为数字滤波器。其中 b 和 a 分别是模拟滤波器的系统函数 $H(s)$ 的分子多项式和分母多项式的系数，Fs 是冲激响应不变法中的采样频率，单位为 Hz，如果 Fs 没有说明，其默认值为 1Hz。运算的结果 bz 和 az 分别表示数字滤波器的系统函数 $H(z)$ 的分子多项式和分母多项式的系数。

例 7-6 用冲激响应不变法设计一个巴特沃斯数字低通滤波器，要求通带截止频率为 0.2π，阻带截止频率为 0.3π，通带最大衰减为 1dB，阻带最小衰减为 15dB，采样频率设为 1Hz。

参考程序如下：

```
%数字滤波器的技术指标转化成模拟滤波器的技术指标
wp = 0.2 * pi;ws = 0.3 * pi;
rp = 1;rs = 15;
fs = 1;
omegap = wp * fs;omegas = ws * fs;
%模拟原型低通滤波器的设计
[N,Wn] = buttord(omegap,omegas,rp,rs,'s');
[b,a] = butter(N,Wn,'s');
[h,omega] = freqs(b,a);
```

```
dbh = 20 * log10( abs( h )/max( abs( h ) ) ) ;
% 用冲激响应不变法设计数字滤波器
[ bz1 , az1 ] = impinvar( b , a , fs ) ;
% 求数字滤波器的频率特性
[ h1 , w ] = freqz( bz1 , az1 , 256 , ' whole ' ) ;
dbh1 = 20 * log10( abs( h1 )/max( abs( h1 ) ) ) ;
subplot( 221 )
plot( omega , dbh ) ; grid
axis( [ 0 5  - 100 10 ] ) ;
title( '模拟滤波器的幅频响应' ) ; ylabel( ' dB ' ) ;
subplot( 222 )
plot( w/pi , dbh1 ) ; grid
axis( [ 0 2  - 80 10 ] ) ;
title( '数字滤波器的幅频响应' ) ; ylabel( ' dB ' ) ;
```

运行结果如实验图 7-9 所示。

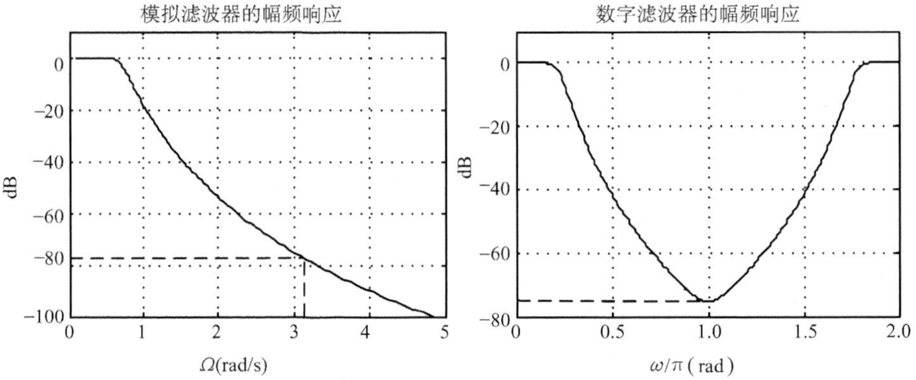

实验图 7-9　运用冲激响应不变法设计的数字低通滤波器的幅频响应

从实验图 7-9 可知，运用冲激响应不变法设计的数字滤波器满足通带最大衰减为 1dB，阻带最小衰减为 15dB 的技术指标要求。同时，数字滤波器的数字频率 1 相当于模拟滤波器的 πrad/s，但在等同的位置上，数字滤波器的衰减没有模拟滤波器的大，出现了轻微的混叠现象。

下面再来看一个数字带通滤波器的例子。

例 7-7　用冲激响应不变法设计一个切比雪夫 I 型数字带通滤波器，要求通带 $\omega_{p1} = 0.3\pi$，$\omega_{p2} = 0.6\pi$，通带最大衰减为 1dB，阻带 $\omega_{s1} = 0.1\pi$，$\omega_{s2} = 0.8\pi$，阻带最小衰减为 15dB，采样频率设为 1Hz。

参考程序如下：

```
% 数字滤波器的技术指标转化成模拟滤波器的技术指标
wp1 = 0. 3 * pi ; wp2 = 0. 6 * pi ;
ws1 = 0. 1 * pi ; ws2 = 0. 8 * pi ;
rp = 1 ; rs = 15 ;
fs = 1 ;
```

```
omegap1 = wp1 * fs;omegap2 = wp2 * fs;
omegap = [omegap1 omegap2];
omegas1 = ws1 * fs;omegas2 = ws2 * fs;
omegas = [omegas1 omegas2];
bw = omegap1 - omegap2;omega0 = sqrt(omegap1 * omegap2);
%模拟原型低通滤波器的设计
[N,Wn] = cheb1ord(omegap,omegas,rp,rs,'s');
[z0,p0,k0] = cheb1ap(N,rp);
b1 = k0 * real(poly(z0));
a1 = real(poly(p0));
[b,a] = lp2bp(b1,a1,omega0,bw);
[h,omega] = freqs(b,a);
dbh = 20 * log10(abs(h)/max(abs(h)));
%用冲激响应不变法设计数字滤波器
[bz1,az1] = impinvar(b,a,fs);
%求数字滤波器的频率特性
[h1,w] = freqz(bz1,az1,256,'whole');
dbh1 = 20 * log10(abs(h1)/max(abs(h1)));
subplot(221)
plot(omega,dbh);grid
axis([0 5 -70 10]);
title('模拟滤波器的幅频响应');ylabel('dB');
subplot(222)
plot(w/pi,dbh1);grid
axis([0 1 -70 10]);
title('数字滤波器的幅频响应');ylabel('dB');
```

运行结果如实验图 7-10 所示。

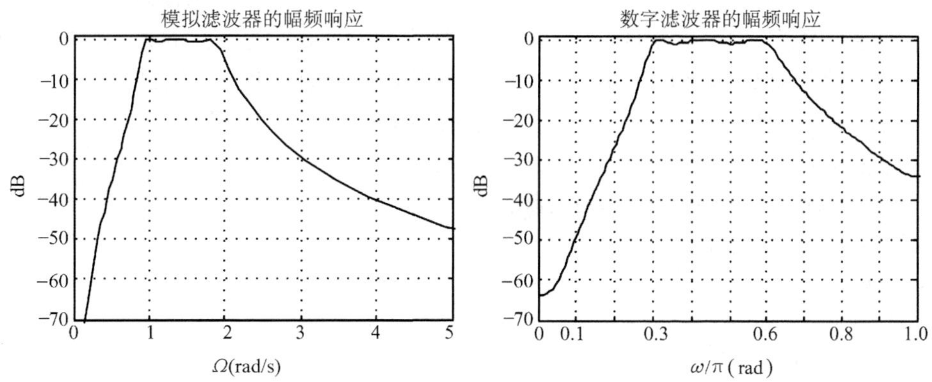

实验图 7-10　运用冲激响应不变法设计的数字带通滤波器的幅频响应

从实验图 7-10 可以看出，运用冲激响应不变法设计的数字带通滤波器满足通带最大衰减为 1dB，阻带最小衰减为 15dB 的技术指标要求。同时，数字滤波器的上阻带没有下阻带衰减地快，说明在高频区（π 附近）出现了轻微的混叠现象。冲激响应不变法不适合于设计高通和带阻滤波器，会出现严重的混叠现象，由读者自己去验证。

4. 用双线性变换法设计 IIR 数字滤波器

双线性变换法是使数字滤波器的频率响应与模拟滤波器的频率响应相似的一种变换方法。首先把整个 s 平面压缩变换到 s_1 平面的一条水平带里$\left(\text{宽度为}\frac{2\pi}{T}\text{，即从}-\frac{\pi}{T}\text{到}\frac{\pi}{T}\right)$，然后通过变换关系 $z=e^{s_1T}$将此水平带变换到整个 z 平面上，从而得到 s 平面和 z 平面的映射关系为

$$s=\frac{2}{T}\frac{1-z^{-1}}{1+z^{-1}} \tag{7-11}$$

$$z=\frac{\frac{2}{T}+s}{\frac{2}{T}-s} \tag{7-12}$$

双线性变换法克服了从 s 平面到 z 平面的多值映射的缺点，消除了频谱混叠现象。但在变换过程中产生了非线性的畸变，模拟角频率和数字角频率的对应关系为

$$\Omega=\frac{2}{T}\tan\left(\frac{\omega}{2}\right) \tag{7-13}$$

这种非线性问题的实质影响是：如果 Ω 的刻度是均匀的，则映射到 z 平面的 ω 的刻度不是均匀的，而是随 ω 增加越来越密。因此，如果模拟滤波器的幅频响应具有分段常数特性，即某一频率段的幅频响应近似等于某一常数，则转换到 z 平面数字滤波器的幅频响应仍具有分段常数特性，但是数字滤波器分段边缘的临界频率点与模拟滤波器分段边缘的临界频率点成非线性关系。实际应用中，一般设计滤波器的通带和阻带均要求是分段常数，因此双线性变换法得到了广泛的应用。

MATLAB 提供了用于实现双线性变换法的函数，其调用格式如下：

[bz,az] = bilinear(b,a,Fs)：实现用双线性变换法将模拟滤波器转换为数字滤波器。其中 b 和 a 分别是模拟滤波器的系统函数 $H(s)$ 的分子多项式和分母多项式的系数；Fs 是双线性变换法中的采样频率，单位为 Hz，如果 Fs 没有说明，其默认值为 1Hz。运算的结果 bz 和 az 分别表示数字滤波器的系统函数 $H(z)$ 的分子多项式和分母多项式的系数。

例 7-8 用双线性变换法设计一个数字低通滤波器，设计指标同例 7-6。

参考程序如下：

```
% 数字滤波器的技术指标转化成模拟滤波器的技术指标
wp = 0.2 * pi; ws = 0.3 * pi;
rp = 1; rs = 15;
fs = 1; T = 1/fs;
omegap = (2/T) * tan(wp/2);
omegas = (2/T) * tan(ws/2);
% 模拟原型低通滤波器的设计
[N,Wn] = buttord(omegap,omegas,rp,rs,'s');
[b,a] = butter(N,Wn,'s');
[h,omega] = freqs(b,a);
dbh = 20 * log10(abs(h)/max(abs(h)));
```

```
% 用双线性变换法设计数字滤波器
[bz1,az1] = bilinear(b,a,fs);
[h1,w] = freqz(bz1,az1,256,'whole'); % 求数字滤波器的频率特性
dbh1 = 20 * log10(abs(h1)/max(abs(h1)));
subplot(221)
plot(omega,dbh);grid
axis([0 5 -100 10]);
title('模拟滤波器的幅频响应');ylabel('dB');
subplot(222)
plot(w/pi,dbh1);grid
axis([0 2 -80 10]);
title('数字滤波器的幅频响应');ylabel('dB');
```

运行结果如实验图 7-11 所示。

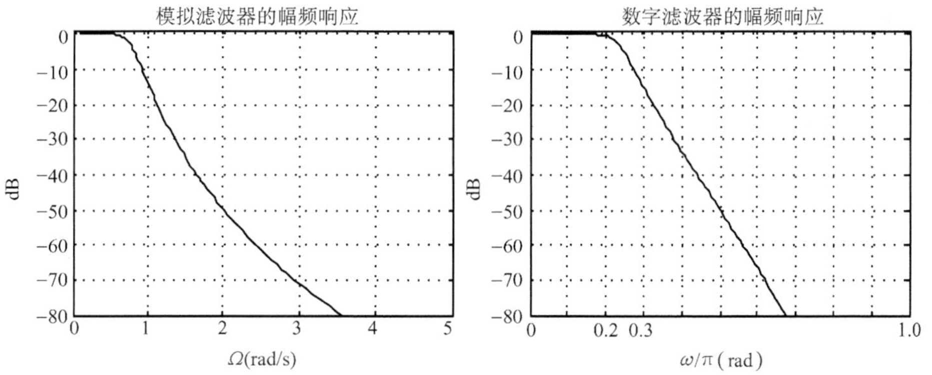

实验图 7-11　运用双线性变换法设计的数字低通滤波器的幅频响应

从实验图 7-11 可知，运用双线性变换法设计的数字滤波器满足通带最大衰减为 1dB，阻带最小衰减为 15dB 的技术指标要求。和实验图 7-9 相比，双线性变换法设计的数字低通滤波器在高频附近比冲激响应不变法设计的滤波器的衰减大，此即是双线性变换法的优点，克服了频谱混叠现象。

下面再来看一个数字带阻滤波器的例子。

例 7-9　用双线性变换法设计一个切比雪夫 I 型数字带阻滤波器，要求阻带下限 $\omega_{s1}=0.3\pi$，阻带上限 $\omega_{s2}=0.6\pi$，阻带最小衰减为 15dB，下通带 $\omega_{p1}=0.1\pi$，上通带 $\omega_{p2}=0.8\pi$，通带最大衰减为 1dB，采样频率设为 1Hz。

本例只是将例 7-7 中的条件改为相反，即将原来带通滤波器通带的频率区域改为带阻滤波器阻带的频率区域，将原来带通滤波器阻带的频率区域改为带阻滤波器通带的频率区域。参考程序如下：

```
% 数字滤波器的技术指标转化成模拟滤波器的技术指标
ws1 = 0.3 * pi;ws2 = 0.6 * pi;
wp1 = 0.1 * pi;wp2 = 0.8 * pi;
rp = 1;rs = 15;
fs = 1;T = 1/fs;
```

```
omegap1 = (2/T) * tan(wp1/2);omegap2 = (2/T) * tan(wp2/2);
omegas1 = (2/T) * tan(ws1/2);omegas2 = (2/T) * tan(ws2/2);
omegap = [omegap1 omegap2];
omegas = [omegas1 omegas2];
bw = omegap2 - omegap1;omega0 = sqrt(omegap1 * omegap2);
%模拟原型低通滤波器的设计
[N,Wn] = cheb1ord(omegap,omegas,rp,rs,'s');
[z0,p0,k0] = cheb1ap(N,rp);
b1 = k0 * real(poly(z0));
a1 = real(poly(p0));
[b,a] = lp2bs(b1,a1,omega0,bw);
[h,omega] = freqs(b,a);
dbh = 20 * log10(abs(h)/max(abs(h)));
%用双线性变换法设计数字滤波器
[bz1,az1] = bilinear(b,a,fs);
%求数字滤波器的频率特性
[h1,w] = freqz(bz1,az1,256);
dbh1 = 20 * log10(abs(h1)/max(abs(h1)));
subplot(221)
plot(omega,dbh);grid
axis([0 5 -80 10]);
title('模拟滤波器的幅频响应');ylabel('dB');
subplot(222)
plot(w/pi,dbh1);grid
title('数字滤波器的幅频响应');ylabel('dB');
```

运行结果如实验图 7-12 所示。

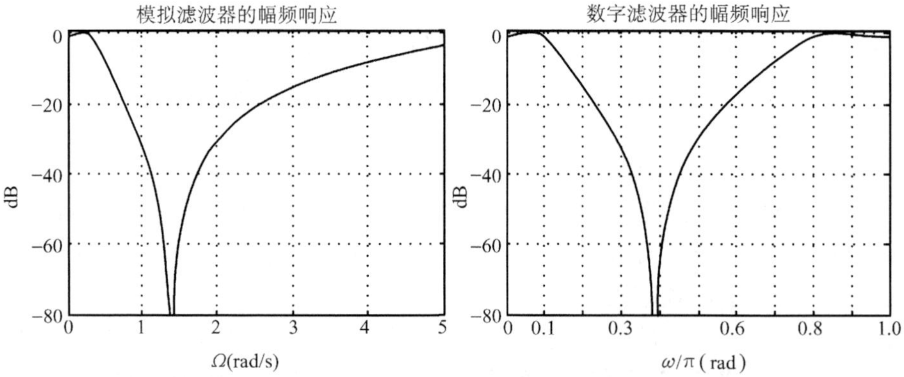

实验图 7-12　运用双线性变换法设计的数字带阻滤波器的幅频响应

从实验图 7-12 可知，运用双线性变换法设计的数字带阻滤波器满足通带最大衰减为 1dB，阻带最小衰减为 15dB 的技术指标要求。特别要注意的是，带阻滤波器的带宽和中心频率的求解方法。运用双线性变换法设计高通和带通数字滤波器，由读者自己去验证。

5. IIR 数字滤波器的直接设计法

前面介绍的 IIR 数字滤波器设计方法是通过先设计模拟滤波器，再进行 $s-z$ 平面变换，来达到设计数字滤波器的目的。

MATLAB 提供了用于直接设计 IIR 数字滤波器的函数，其调用格式如下：

[N,wn] = buttord(wp,ws,rp,rs)：用于直接设计 IIR 数字滤波器，输入参数 wp 为通带截止频率，ws 为阻带截止频率，rp 为通带最大衰减，rs 为阻带最小衰减，其中 wp、ws 必须相对 π 作归一化，若 wp < ws 为低通滤波器；若 wp > ws 为高通滤波器；若 wp，ws 为二维向量，为带通或带阻滤波器。返回参数 N 为滤波器的阶数，wn 为 3dB 截止频率。

[b,a] = butter(N,wn)：用于直接设计 IIR 低通数字滤波器，输入参数 N 为滤波器的阶数，wn 为 3dB 截止频率，返回数字滤波器系统函数的分子、分母多项式的系数。

[b,a] = butter(N,wn,'high')：用于直接设计 IIR 高通数字滤波器，参数同上。

[b,a] = butter(N,wn,'stop')：用于直接设计 IIR 带阻数字滤波器，参数同上。

[z,p,k] = butter(N,wn)：用于直接设计 IIR 低通数字滤波器，输入参数 N 为滤波器的阶数，wn 为 3dB 截止频率，返回数字滤波器系统函数的零点、极点和增益矩阵。

[z,p,k] = butter(N,wn,'high')：用于直接设计 IIR 高通数字滤波器，参数同上。

[z,p,k] = butter(N,wn,'stop')：用于直接设计 IIR 高阻数字滤波器，参数同上。

[A,B,C,D] = butter(N,wn)：用于直接设计 IIR 低通数字滤波器，输入参数 N 为滤波器的阶数，wn 为 3dB 截止频率，返回数字滤波器系统状态方程的系数矩阵。

[A,B,C,D] = butter(N,wn,'high')：用于直接设计 IIR 高通数字滤波器，参数同上。

[A,B,C,D] = butter(N,wn,'stop')：用于直接设计 IIR 带阻数字滤波器，参数同上。

对于 cheb1ord()，cheb2ord()，ellipord()，cheby1()，cheby2()，ellip()等函数有上面相同的调用格式，在这里就不一一叙述。

下面举例比较间接设计法和直接设计法的设计结果。

例 7-10 分别采用间接法和直接法设计一个切比雪夫Ⅰ型数字带通滤波器，要求 f_{p1} = 3.5kHz，f_{p2} = 6.5kHz，通带内的衰减不大于 3dB，f_{s1} = 2.5kHz，f_{s2} = 7.5kHz，阻带内的衰减不小于 15dB，采样频率 f_s = 20kHz。绘出间接法和直接法得到的数字带通滤波器的幅频响应。

参考程序如下：

```
fs = 20;T = 1/fs;
wp1 = 3.5/fs * 2 * pi;wp2 = 6.5/fs * 2 * pi;
ws1 = 2.5/fs * 2 * pi;ws2 = 7.5/fs * 2 * pi;
rp = 1;rs = 15;
%间接设计法
omegap1 = (2/T) * tan(wp1/2);omegap2 = (2/T) * tan(wp2/2);
omegas1 = (2/T) * tan(ws1/2);omegas2 = (2/T) * tan(ws2/2);
omegap = [omegap1 omegap2];
omegas = [omegas1 omegas2];
bw = omegap2 - omegap1;omega0 = sqrt(omegap1 * omegap2);
[n,omegac] = cheb1ord(omegap,omegas,rp,rs,'s');
[z0,p0,k0] = cheb1ap(n,rp);
b1 = k0 * real(poly(z0));
a1 = real(poly(p0));
[b,a] = lp2bp(b1,a1,omega0,bw);
```

```
[bz,az] = bilinear(b,a,fs);
[h,w] = freqz(bz,az);
dbh = 20 * log10(abs(h)/max(abs(h)));
% 直接设计法
Wp1 = 3.5/fs * 2;Wp2 = 6.5/fs * 2;
Ws1 = 2.5/fs * 2;Ws2 = 7.5/fs * 2;
Wp = [Wp1 Wp2];Ws = [Ws1 Ws2];
[N,Wn] = cheb1ord(Wp,Ws,rp,rs);
[bz1,az1] = cheby1(N,rp,Wn);
[h1,w1] = freqz(bz1,az1,256);
dbh1 = 20 * log10(abs(h1)/max(abs(h1)));
subplot(221)
plot(w/pi,dbh);grid
axis([0 1 -80 10]);
title('间接法设计的数字滤波器的幅频响应');ylabel('dB');
subplot(222)
plot(w1/pi,dbh1);grid
axis([0 1 -80 10]);
title('直接法设计的数字滤波器的幅频响应');ylabel('dB');
```

运行结果如实验图 7-13 所示。

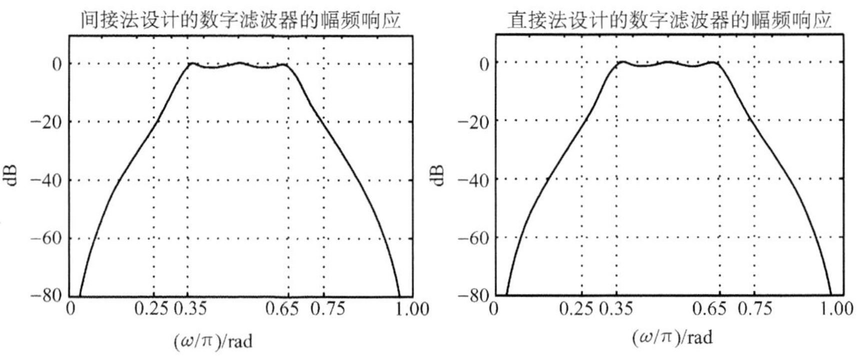

实验图 7-13 数字带通滤波器间接设计法和直接设计法的比较

由实验图 7-13 可知，直接设计法和间接设计法得到的图形完全一致，直接设计法的编程却比间接法简单得多，所以在后面的实验内容中，除了特别强调用冲激响应不变法或双线性变换法外，都可以采用直接设计法实现。在采用直接设计法实现时，特别注意，设计指标参数的归一化方法，若为角频率，要相对 π 作归一化；若为频率，则相对于折叠频率（采样频率的一半）作归一化。

三、实验内容及步骤

1. 设计一个模拟低通滤波器，要求通带截止频率 $f_p = 2\text{kHz}$，通带最大衰减 $\alpha_p \leqslant 1\text{dB}$，阻

带截止频率$f_s=5\text{kHz}$，阻带最小衰减$\alpha_s\geqslant 20\text{dB}$。要求分别设计巴特沃斯滤波器、切比雪夫Ⅰ型滤波器、切比雪夫Ⅱ型滤波器和椭圆滤波器，绘出滤波器的幅频特性曲线和相频特性曲线，并比较滤波器的阶次。

2. 设计一个模拟带阻滤波器，要求通带截止频率分别为10Hz、35Hz，阻带截止频率分别为15Hz、30Hz，通带最大衰减为3dB，阻带最小衰减为30dB。要求分别设计巴特沃斯滤波器、切比雪夫Ⅰ型滤波器、切比雪夫Ⅱ型滤波器和椭圆滤波器，绘出归一化原型低通滤波器和带阻滤波器的幅频特性曲线。

3. 设计切比雪夫Ⅰ型IIR数字带通滤波器，要求$f_{p1}=200\text{Hz}$，$f_{p2}=300\text{Hz}$，通带内的衰减不大于1dB，$f_{s1}=150\text{Hz}$，$f_{s2}=350\text{Hz}$，阻带内的衰减不小于20dB，采样频率$f_s=1000\text{Hz}$。请分别绘出采用冲激响应不变法和双线性变换法得到的数字滤波器的幅频特性，并进行比较。

4. 设计IIR数字带阻滤波器，要求通带截止频率分别为10Hz、35Hz，阻带截止频率分别为15Hz、30Hz，通带最大衰减为3dB，阻带最小衰减为30dB，采样频率为100Hz。绘出IIR数字带阻滤波器的幅频响应，判断是否满足设计指标。

四、思考题

1. 4种典型的模拟原型低通滤波器：巴特沃斯滤波器、切比雪夫Ⅰ型滤波器、切比雪夫Ⅱ型滤波器和椭圆滤波器，它们各有什么特点，请概括。

2. 在用MATLAB实现冲激响应不变法设计滤波器时，你有没有观察到频谱混叠的现象？请解释所得到的结果。

3. 双线性变换法是一种非线性变换，在实验中你观察到这种非线性关系了吗？从哪种数字滤波器的幅频特性曲线中可以观察到这种非线性关系？

4. 双线性变换法和冲激响应不变法相比较，有哪些优点和缺点？为什么？

五、实验报告要求

1. 在实验报告中简述实验目的和实验原理的要点。

2. 记录在实验过程中所设计的滤波器的系统函数及对应的幅频特性曲线，定性分析它们的性能，判断设计是否满足要求。

3. 总结实验中的主要结论。

实验八 FIR 数字滤波器的设计

一、实验目的

1. 进一步理解 FIR 滤波器的线性相位特性，熟悉 4 种线性相位 FIR 滤波器的幅频特性、相频特性和零极点分布情况。

2. 掌握用窗函数法设计 FIR 数字滤波器的原理及方法，了解各种窗函数对滤波器性能的影响。

3. 掌握用频率采样法设计 FIR 数字滤波器的原理及方法，了解不同的采样点数和不同的过渡带点数对滤波器性能的影响。

二、实验原理及方法

1. 线性相位 FIR 数字滤波器的条件和特点

IIR 数字滤波器的设计可以利用模拟滤波器设计的结果，而且模拟滤波器的设计有大量图表可查，方便简单。但 IIR 数字滤波器的相位是非线性的，若需线性相位，则要另外增加相位校正网络，使滤波器设计变得复杂，成本也高。而 FIR 数字滤波器在保证幅频特性满足技术要求的同时，很容易做到严格的线性相位。

满足第一类线性相位的条件为：$h(n)$是实序列且对$(N-1)/2$偶对称，即

$$h(n)=h(N-1-n) \tag{8-1}$$

满足第二类线性相位的条件为：$h(n)$是实序列且对$(N-1)/2$奇对称，即

$$h(n)=-h(N-1-n) \tag{8-2}$$

下面用 MATLAB 编程来研究线性相位 FIR 数字滤波器的幅频特性和零极点分布情况。

(1) 第一类线性相位，N 为奇数

假设 $h=[1\ 2\ 3\ 4\ 5\ 4\ 3\ 2\ 1]$，参考程序如下：

```
h=[1 2 3 4 5 4 3 2 1];
N=length(h);
n=0:(N-3)/2;
w=[0:500]*2*pi/500;
H=h((N-1)/2)+2*h(n+1)*cos((n-(N-1)/2)'*w);
zplane(h,1);
```

运行结果如实验图 8-1 所示。由实验图 8-1 可得，幅度特性关于 $\omega=\pi$ 对称，在 $\omega=0$ 和 $\omega=\pi$ 处可以取任何值，可以用于实现低通、高通、带通、带阻等各种滤波器。

(2) 第一类线性相位，N 为偶数

假设 h=[1 2 3 4 4 3 2 1]，参考程序如下：

```
h = [1 2 3 4 4 3 2 1];
N = length(h);
n = 0:N/2 - 1;
w = [0:500] * 2 * pi/500;
H = 2 * h(n + 1) * cos(((N - 1)/2 - n)' * w);
zplane(h,1);
```

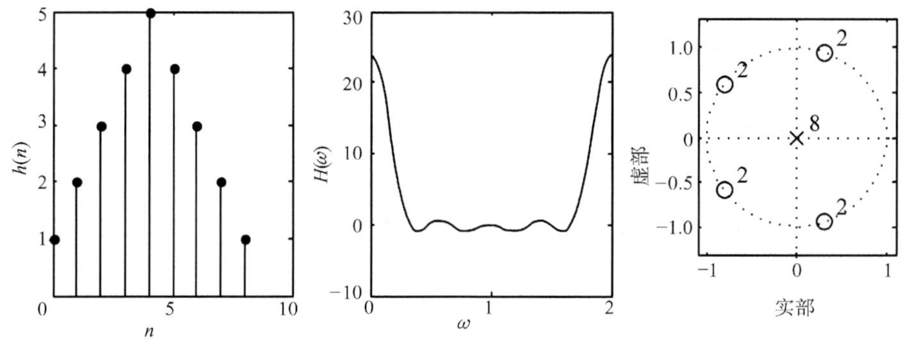

实验图 8-1　第一类线性相位,当 N 为奇数时的幅频特性和零极点分布

运行结果如实验图 8-2 所示。由实验图 8-2 可得，幅度特性关于 $\omega=\pi$ 奇对称，在 $\omega=0$ 处可以取任何值，但在 $\omega=\pi$ 处必定为 0，所以不能实现高通和带阻滤波器。

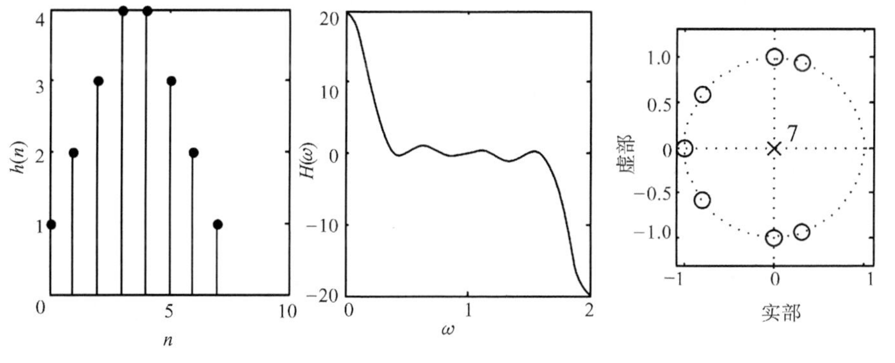

实验图 8-2　第一类线性相位，当 N 为偶数时的幅频特性和零极点分布

(3) 第二类线性相位，N 为奇数

假设 h = [1 2 3 4 0 −4 −3 −2 −1]，参考程序如下：

```
h = [1 2 3 4 0 -4 -3 -2 -1];
N = length(h);
n = 0:N - 1;
w = [0:500] * 2 * pi/500;
H = h(n + 1) * sin(((N - 1)/2 - n)' * w);
zplane(h, 1);
```

运行结果如实验图 8-3 所示。由实验图 8-3 可得，幅度特性关于 $\omega=\pi$ 奇对称，在 $\omega=0$ 和 $\omega=\pi$ 处必定为 0，所以只能实现带通滤波器。

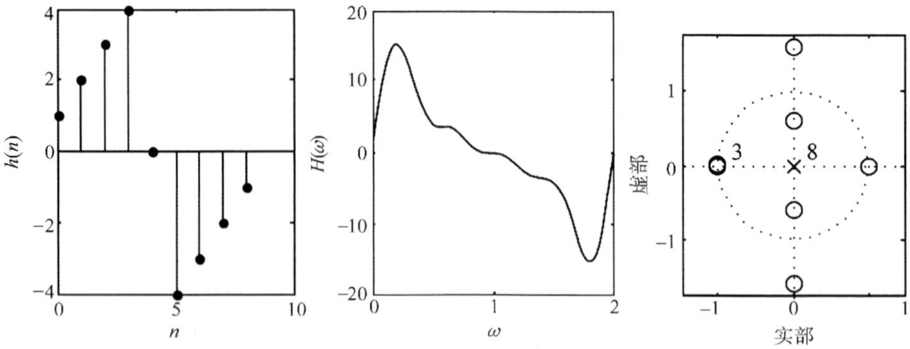

实验图 8-3 第二类线性相位，当 N 为奇数时的幅频特性和零极点分布

（4）第二类线性相位，N 为偶数

假设 h = [1 2 3 4 -4 -3 -2 -1]，参考程序如下：

```
h = [1 2 3 4 -4 -3 -2 -1];
N = length(h);
n = 0:N-1;
w = [0:500] * 2 * pi/500;
H = h(n+1) * sin(((N-1)/2-n)' * w);
zplane(h,1);
```

运行结果如实验图 8-4 所示。由实验图 8-4 可得，幅度特性关于 $\omega=\pi$ 偶对称，在 $\omega=0$ 和 $\omega=2\pi$ 处必定为 0，在 $\omega=\pi$ 时可以取任何值，不能实现低通、带阻滤波器。

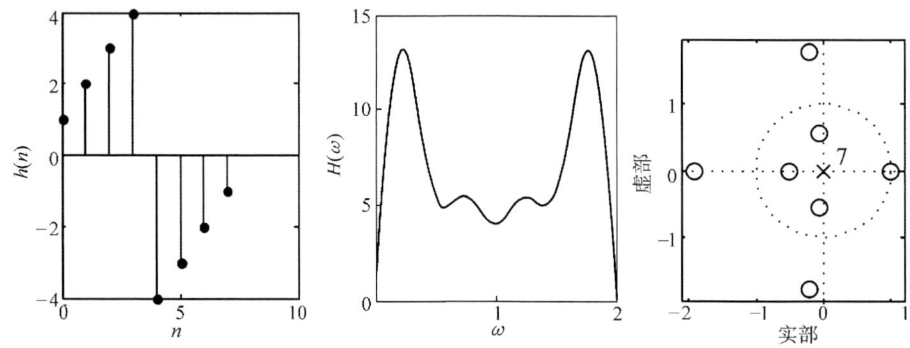

实验图 8-4 第二类线性相位，当 N 为偶数时的幅频特性和零极点分布

由实验图 8-1 至 8-4，可以看出线性相位 FIR 数字滤波器零点分布的情况：

1）若零点既不在单位圆上，也不在实轴上，则有两组互为倒数的共轭对 z_i，z_i^{-1}，z_i^*，$(z_i^*)^{-1}$。

2）若零点不在单位圆上，但在实轴上，是实数，则有一对互为倒数的零点 z_i，$(z_i)^{-1}$。

3）若零点在单位圆上，但不在实轴上，则有一对共轭零点 z_i，z_i^*。

4）若零点既在单位圆上，又在实轴上，则只有一个零点，有两种可能：$z_i=\pm 1$。

2. 用窗函数法设计 FIR 数字滤波器

如果希望得到的滤波器的理想频率响应为 $H_d(e^{j\omega})$，要求设计一个 FIR 数字滤波器频率响应 $H(e^{j\omega})$ 去逼近 $H_d(e^{j\omega})$。有两种直接的方法实现这种逼近：一种是从时域入手，即窗函数设计法；另一种是从频域入手，即频率采样法。下面介绍用窗函数法设计 FIR 数字滤波器的步骤：

1）给定理想的频率响应函数 $H_d(e^{j\omega})$。

2）求出理想的单位响应

$$h_d(n) = \frac{1}{2\pi}\int_{-\pi}^{\pi} H_d(e^{j\omega})e^{j\omega n}d\omega \tag{8-3}$$

$h_d(n)$一般采用 IFFT 在计算机上实现。对 $H_d(e^{j\omega})$从 $\omega=0$ 到 $\omega=2\pi$ 采样 M 点，令采样频率为

$$\omega_k = \frac{2\pi}{M}k,\ k=0,1,2,\cdots,M-1$$

则有

$$h_M(n) = \frac{1}{M}\sum_{k=0}^{M-1} H_d\left(e^{j\frac{2\pi}{M}k}\right)e^{j\frac{2\pi}{M}kn} \tag{8-4}$$

频域的采样造成时域的周期延拓，延拓周期为 M，则有如下关系

$$h_M(n) = \sum_{r=-\infty}^{\infty} h_d(n+rM) \tag{8-5}$$

如果 M 选得较大，即 $M \gg N$，可以保证 $h_M(n)$有效逼近 $h_d(n)$。

3）根据对过渡带宽度和阻带衰减的要求，选择窗函数的形状，并估计窗口长度 N。原则是在保证阻带衰减满足要求的情况下，尽量选择主瓣窄的窗函数。

4）求所设计的 FIR 数字滤波器的单位冲激响应

$$h(n) = h_d(n)w(n) \qquad n=0,1,\cdots,N-1 \tag{8-6}$$

如果要求线性相位，则要求 $h_d(n)$和 $w(n)$均对$(N-1)/2$ 对称。

5）求所设计的滤波器的频率响应

$$H(e^{j\omega}) = \sum_{n=0}^{N-1} h(n)e^{-j\omega n} \tag{8-7}$$

检验是否满足设计要求，如不满足，需重新设计。

MATLAB 提供了用于窗函数法设计 FIR 数字滤波器的函数，其调用格式如下：

w = boxcar(N)：产生一长度为 N 的矩形窗。矩形窗时域表达式：$w(n) = R_N(n)$；

w = triang(N)：产生一长度为 N 的三角窗。三角窗时域表达式：当 n 为奇数时

$$w(n) = \begin{cases} \dfrac{2n}{N+1}, & 1 \leqslant n \leqslant \dfrac{N+1}{2} \\[2mm] 2-\dfrac{2n}{N+1}, & \dfrac{N+1}{2} < n \leqslant N \end{cases} \tag{8-8}$$

当 n 为偶数时

$$w(n) = \begin{cases} \dfrac{2n-1}{N}, & 1 \leqslant n \leqslant \dfrac{N}{2} \\[2mm] 2-\dfrac{2n-1}{N}, & \dfrac{N}{2}+1 \leqslant n \leqslant N \end{cases} \tag{8-9}$$

w = bartlett(N)：产生一长度为 N 的巴特利特窗。巴特利特窗时域表达式：当 n 为奇数时

$$w(n+1) = \begin{cases} \dfrac{2n}{N-1}, & 0 \leqslant n \leqslant \dfrac{N-1}{2} \\[2mm] 2-\dfrac{2n}{N-1}, & \dfrac{N-1}{2} \leqslant n \leqslant N-1 \end{cases} \tag{8-10}$$

当 n 为偶数时

$$w(n+1)=\begin{cases}\dfrac{2n}{N-1}, & 0\leqslant n\leqslant\dfrac{N}{2}-1\\ 2-\dfrac{2n}{N-1}, & \dfrac{N}{2}\leqslant n\leqslant N-1\end{cases}\tag{8-11}$$

巴特利特窗与三角窗很相似，但巴特利特窗在第 1 和第 N 各采样点数上都是 0，而三角窗不是。当 n 为奇数时，triang(N-2)等于 bartlett(N)。

w = hanning(N)：产生一长度为 N 的汉宁窗(升余弦窗)。汉宁窗时域表达式

$$w(n+1)=\frac{1}{2}\left[1-\cos\left(\frac{2\pi n}{N-1}\right)\right]\quad n=0,1,\cdots,N-1\tag{8-12}$$

w = hamming(N)：产生一长度为 N 的哈明窗(改进的升余弦窗)。哈明窗时域表达式

$$w(n+1)=0.54-0.46\cos\left(\frac{2\pi n}{N-1}\right)\quad n=0,1,\cdots,N-1\tag{8-13}$$

w = blackman(N)：产生一长度为 N 的布莱克曼窗(二阶升余弦窗)。布莱克曼窗时域表达式

$$w(n+1)=0.42-0.5\cos\left(2\pi\frac{n}{N-1}\right)+0.08\cos\left(4\pi\frac{n}{N-1}\right)\quad n=0,1,\cdots,N-1\tag{8-14}$$

w = kaiser(N,beta)：产生一长度为 N 的凯泽窗，凯泽窗时域表达式

$$w(n+1)=\frac{I_0\left(\beta\sqrt{1-\left(1-\dfrac{2n}{N-1}\right)^2}\right)}{I_0(\beta)}\quad n=0,1,\cdots,N-1\tag{8-15}$$

其中，$I_0(\cdot)$是第一类变形零阶贝塞尔函数；β 为影响窗函数旁瓣的参数，其最小的旁瓣抑制 α 与 β 之间的关系为

$$\beta=\begin{cases}0.1102(\alpha-0.87) & \alpha>50\\ 0.5842(\alpha-21)^{0.4}+0.07886(\alpha-21) & 21\leqslant\alpha\leqslant50\\ 0 & \alpha<21\end{cases}\tag{8-16}$$

增加 β 可使主瓣变宽、旁瓣的幅度降低。

w = chebwin(N,r)：产生一长度为 N 的 chebyshev 窗，其傅里叶变换后的旁瓣波纹低于主瓣 rdB。注意:当 N 为偶数时,窗函数的长度为 $N+1$。

h = fir1 (N, Wc, 'ftype', Window)：用来设计 FIR 滤波器。其中 N 为滤波器的阶数；Wc 是截止频率，其取值在 0 ~ 1 之间，它是以 π 为基准频率的标称值，设计低通和高通滤波器时 Wc 是标量，设计带通和带阻滤波器时 Wc 是 1 × 2 的向量；设计低通和带通滤波器时，无需' ftype '，当 ftype = high 时设计高通滤波器，当 ftype = stop 时设计带阻滤波器；Window表示设计滤波器所采用的窗函数类型，Window 的长度为 $N+1$，若 Window 缺省，则 fir1 默认使用哈明窗；h 对应设计好的滤波器的系数 $h(n)$，即单位响应，$h(n)$的长度为 $N+1$。特别强调 $h(n)$的长度与滤波器阶数间的关系：FIR 滤波器的系统函数可表示为：$H(z)=\sum_{n=0}^{N-1}h(n)z^{-n}$，$h(n)$的长度为 N,而滤波器的阶数为 $N-1$ 阶。

实验图 8-5 给出了常用的 5 种窗函数的波形。实验图 8-6 给出了当 $N=51$ 时，5 种窗函数的幅频特性。可以看出，随着窗形状的变化，旁瓣衰减加大，但主瓣宽度也相应地加宽了。实验表 8-1 给出了 6 种窗函数的特性参数。

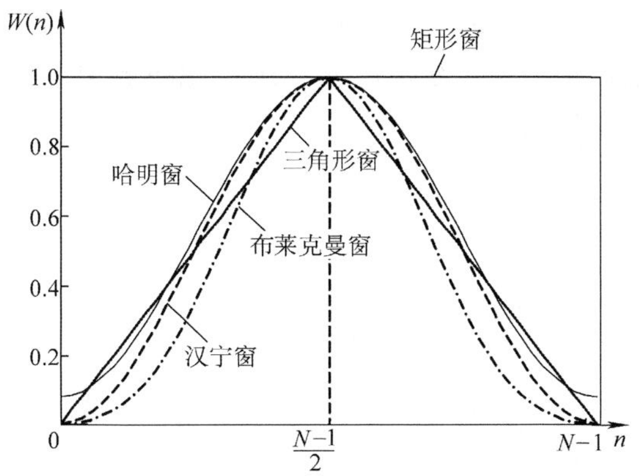

实验图 8-5　常用的窗函数

实验表 8-1　6 种窗函数的基本参数

窗函数	旁瓣峰值幅度 /dB	过渡带宽	阻带最小衰减 /dB
矩形窗	−13	$4\pi/N$	−21
三角形窗	−25	$8\pi/N$	−25
汉宁窗	−31	$8\pi/N$	−44
哈明窗	−41	$8\pi/N$	−53
布莱克曼窗	−57	$12\pi/N$	−74
凯泽窗 ($\beta=7.865$)	−57	$10\pi/N$	−80

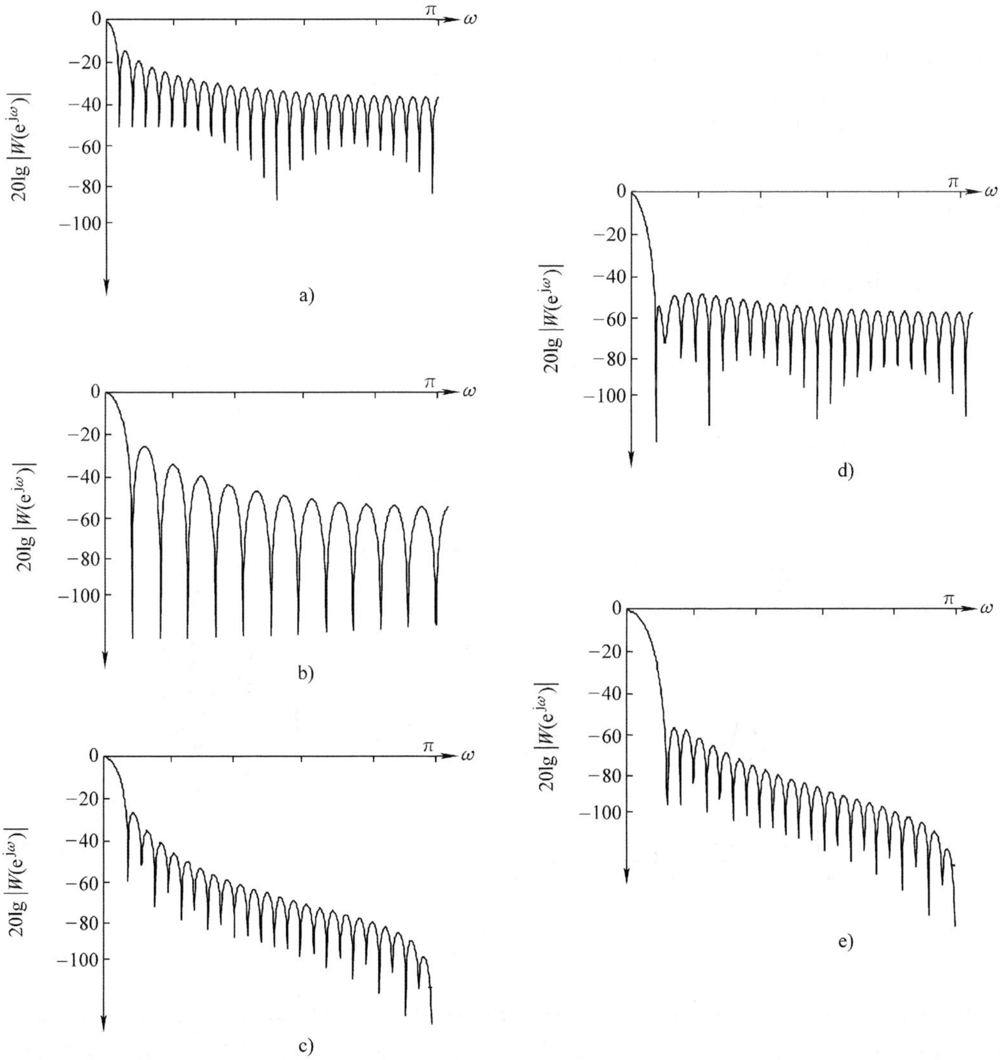

实验图 8-6　常用窗函数的幅频特性($N=51$)

a) 矩形窗　b) 三角形窗　c) 汉宁窗　d) 哈明窗　e) 布莱克曼窗

下面举例说明如何运用上面的窗函数进行 FIR 数字滤波器的设计。

例 8-1 分别用矩形窗和哈明窗设计 FIR 低通滤波器，设窗宽 $N=11$，截止频率 $\omega_c=0.2\pi$rad，要求绘出两种窗函数设计的滤波器的幅频曲线。

参考程序如下：

```
N = 11;
h1 = fir1(N - 1,0.2,boxcar(N));
h2 = fir1(N - 1,0.2,hamming(N));
w = 0:0.01:pi;
H1 = freqz(h1,1,w);
H1db = 20 * log10(abs(H1)/max(abs(H1)));
H2 = freqz(h2,1,w);
H2db = 20 * log10(abs(H2)/max(abs(H1)));
subplot(1,2,1)
plot(w/pi,abs(H1),'-.',w/pi,abs(H2));
legend('矩形窗','哈明窗');
xlabel('w/pi');ylabel('幅频响应');
subplot(1,2,2)
plot(w/pi,H1db,'-.',w/pi,H2db);
xlabel('w/pi');ylabel('dB');
legend('矩形窗','哈明窗');
```

运行结果如实验图 8-7 所示。

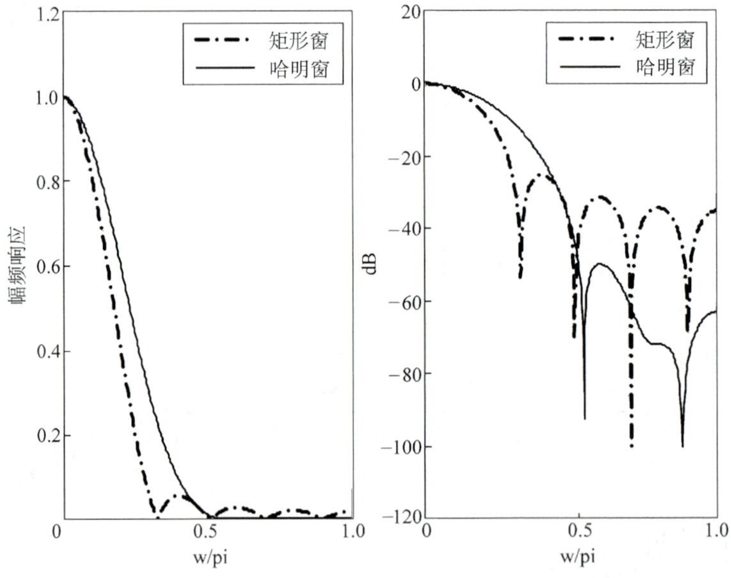

实验图 8-7 两种窗函数设计的结果比较

由实验图 8-7 可知，改变窗函数的形状可以改善滤波器的性能。用哈明窗设计的滤波器旁瓣的衰减比矩形窗的大，但主瓣也比矩形窗的宽。在设计滤波器时，希望窗函数满足两项要求：窗函数频谱的主瓣尽可能地窄，以获得较陡的过渡带；尽量减少窗函数频谱最大旁瓣的相对幅度，也就是能量尽量集中于主瓣，以减少带内波动及加大阻带内的衰减（往往增加主瓣宽度以换取对旁瓣的抑制，这样又会加宽过渡带）。所以，主瓣宽度和旁瓣衰减是一对矛盾体，在设计过程中，须折中考虑。

例 8-2 选择合适的窗函数设计一个线性相位 FIR 低通滤波器，通带截止频率 $\omega_p = 0.2\pi rad$，阻带截止频率 $\omega_s = 0.4\pi rad$，阻带最小衰减 $\alpha_s = 50dB$。要求分别绘制理想单位序列响应曲线、窗函数曲线、实际单位序列响应曲线、FIR 低通滤波器的幅频响应曲线。

要求阻带最小衰减 $\alpha_s = 50dB$，查实验表 8-1 可得，哈明窗满足要求。哈明窗的过渡带宽度为 $8\pi/N$，由此可得滤波器的阶次。参考程序如下：

```
wp = 0.2 * pi;
ws = 0.4 * pi;
tr_width = ws - wp;  %计算过渡带的带宽
N = ceil(8 * pi/tr_width);  %计算滤波器的阶次
n = 0:N - 1;
wc = (ws + wp)/2;  %计算 3dB 截止频率
alpha = (N - 1)/2;  %单位响应的对称中心
m = n - alpha;
hd = sin(wc * m)./(pi * m);  %理想低通滤波器的单位响应
w_ham = (hamming(N))';
h = hd. * w_ham;  %实际滤波器的单位响应
w = 0:0.01:pi;
H = freqz(h,1,w); %实际滤波器的幅频特性
dbH = 20 * log10(abs(H)/max(abs(H)));
subplot(221);stem(n,hd,'.');title('理想单位响应');
xlabel('n');ylabel('hd(n)');
subplot(222);stem(n,w_ham,'.');title('哈明窗');
xlabel('n');ylabel('w(n)');
subplot(223);stem(n,h,'.');title('实际单位响应');
xlabel('n');ylabel('h(n)');
subplot(224);plot(w/pi,db);title('幅频响应');
xlabel('w/pi');ylabel('分贝数');
```

运行结果如实验图 8-8 所示。由实验图 8-8 得，采用哈明窗设计的滤波器满足阻带最小衰减 $\alpha_s = 50dB$ 的要求。

该程序也可以这样编写：

```
wp = 0.2 * pi;ws = 0.4 * pi;tr_width = ws - wp;
N = ceil(8 * pi/tr_width);
n = 0:N - 1;
wc = (ws + wp)/2;
h = fir1(N - 1,wc/pi,hamming(N));  %运用 fir1 函数设计 FIR 滤波器
w = 0:0.01:pi;
H = freqz(h,1,w);
dbH = 20 * log10(abs(H));
plot(w/pi,dbH);title('幅频响应');
xlabel('w/pi');ylabel('分贝数');
```

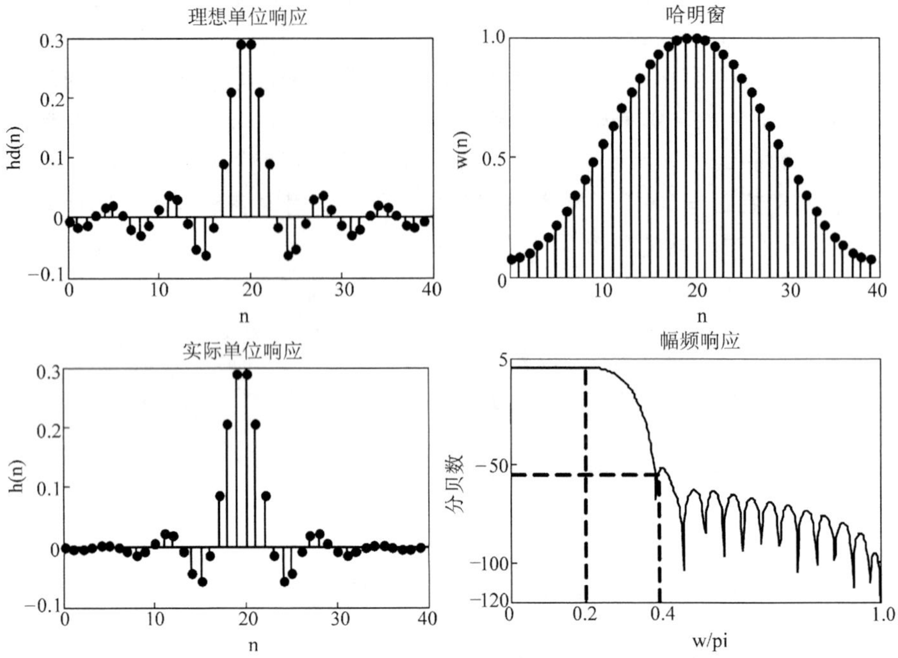

实验图 8-8 用哈明窗设计的 FIR 滤波器的时域和频域特性

以上设计的是 FIR 低通数字滤波器，窗函数法也可以设计高通、带通、带阻数字滤波器。只需要改变式(8-3)积分的上、下限，现分别进行介绍。

(1) 高通数字滤波器的设计。令

$$H_d(e^{j\omega}) = \begin{cases} e^{-j\omega\alpha} & \omega_c \leqslant |\omega| \leqslant \pi \\ 0 & 0 \leqslant |\omega| \leqslant \omega_c \end{cases}$$

则

$$h_d(n) = \frac{1}{2\pi}\int_{-\pi}^{-\omega_c} e^{j(n-\alpha)\omega} d\omega + \frac{1}{2\pi}\int_{\omega_c}^{\pi} e^{j(n-\alpha)\omega} d\omega$$

求得

$$h_d(n) = \frac{\sin[\pi(n-\alpha)] - \sin[(n-\alpha)\omega_c]}{\pi(n-\alpha)} \tag{8-17}$$

(2) 带通数字滤波器的设计。令

$$H_d(e^{j\omega}) = \begin{cases} e^{-j\omega\alpha} & 0 < \omega_l \leqslant |\omega| \leqslant \omega_h \leqslant \pi \\ 0 & 其他\ \omega \end{cases}$$

则

$$h_d(n) = \frac{1}{2\pi}\int_{-\omega_h}^{-\omega_l} e^{j(n-\alpha)\omega} d\omega + \frac{1}{2\pi}\int_{\omega_l}^{\omega_h} e^{j(n-\alpha)\omega} d\omega$$

求得

$$h_d(n) = \frac{\sin[(n-\alpha)\omega_h] - \sin[(n-\alpha)\omega_l]}{\pi(n-\alpha)} \tag{8-18}$$

(3) 带阻数字滤波器的设计。令

$$H_d(e^{j\omega}) = \begin{cases} e^{-j\omega\alpha} & |\omega| \leqslant \omega_l, \omega_h \leqslant |\omega| \leqslant \pi \\ 0 & 其他\ \omega \end{cases}$$

则

$$h_d(n) = \frac{1}{2\pi}\int_{-\pi}^{-\omega_h} e^{j(n-\alpha)\omega}d\omega + \frac{1}{2\pi}\int_{-\omega_l}^{\omega_l} e^{j(n-\alpha)\omega}d\omega + \frac{1}{2\pi}\int_{\omega_h}^{\pi} e^{j(n-\alpha)\omega}d\omega$$

求得

$$h_d(n) = \frac{\sin[(n-\alpha)\omega_l] + \sin[(n-\alpha)\pi] - \sin[(n-\alpha)\omega_h]}{\pi(n-\alpha)} \tag{8-19}$$

比较理想低通、理想高通、理想带通、理想带阻滤波器的单位响应，可以看出，一个高通滤波器相当于一个全通滤波器减去一个低通滤波器；一个带通滤波器相当于两个低通滤波器相减，其中一个截止频率为 ω_h，另一个截止频率为 ω_l；一个带阻滤波器相当于一个低通滤波器加上一个高通滤波器，低通滤波器的截止频率为 ω_l，高通滤波器的截止频率为 ω_h。

下面举例说明高通、带通、带阻 FIR 滤波器的设计。

例 8-3 选择合适的窗函数设计一个线性相位 FIR 高通滤波器，通带截止频率 $\omega_p = 0.3\pi$rad，阻带截止频率 $\omega_s = 0.2\pi$rad，阻带最小衰减 $\alpha_s = 50$dB。要求分别绘出窗函数曲线、实际滤波器的冲激响应曲线、滤波器的幅频响应曲线和相频响应曲线。

要求阻带最小衰减 $\alpha_s = 50$dB，查实验表 8-1 可得，哈明窗满足要求。哈明窗的过渡带宽度为 $8\pi/N$，由此可得滤波器的阶次。参考程序如下：

```
wp = 0.3 * pi;
ws = 0.2 * pi;
tr_width = wp - ws;   %计算过渡带的带宽
N = ceil(8 * pi/tr_width);   %计算滤波器的阶次
n = 0:N - 1;
wc = (ws + wp)/2;   %计算 3dB 截止频率
alpha = (N - 1)/2;   %单位响应的对称中心
m = n - alpha;
hd = (sin(pi * m) - sin(wc * m))./(pi * m);   %理想高通滤波器的单位响应
w_ham = (hamming(N))';
h = hd. * w_ham;
w = 0:0.01:pi;
H = freqz(h,1,w);
dbH = 20 * log10(abs(H)/max(abs(H)));
subplot(221);stem(n,h,'.');title('实际滤波器的单位响应');
xlabel('n');ylabel('h(n)');
subplot(222);stem(n,w_ham,'.');title('哈明窗');
xlabel('n');ylabel('w(n)');
subplot(223);plot(w/pi,dbH);title('幅频响应');
xlabel('w/pi');ylabel('dB');
subplot(224);plot(w/pi,angle(H));title('相频响应');
xlabel('w/pi');ylabel('弧度');
```

运行结果如实验图 8-9 所示，满足设计指标要求。其中 h = hd. * w _ ham；可改为：h = fir1(N - 1,wc/pi,'high',hamming(N))；%运用 fir1 函数设计 FIR 高通滤波器

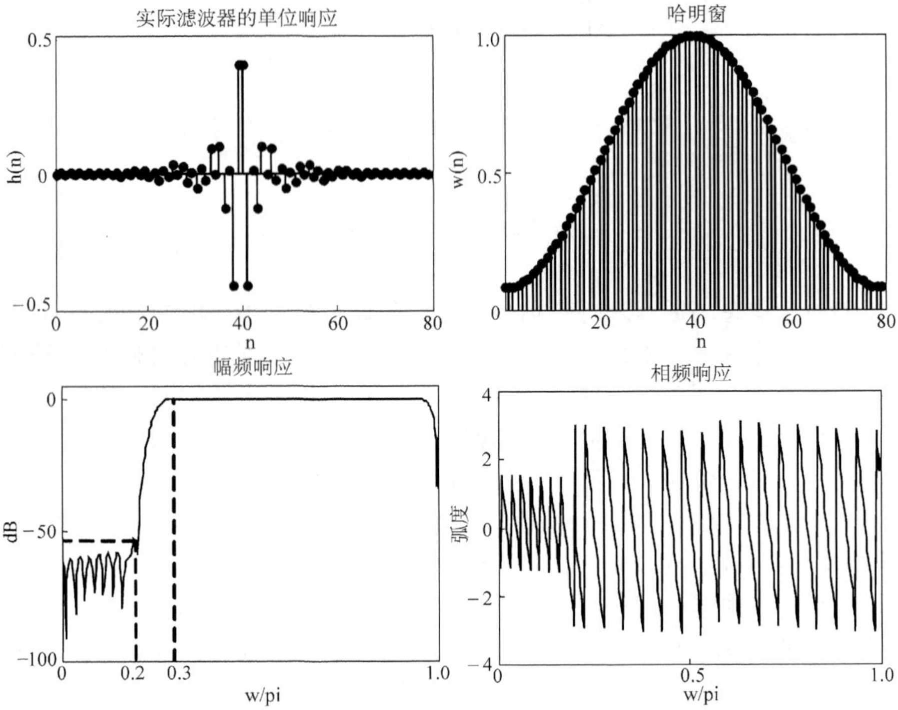

实验图 8-9　FIR 高通滤波器的时域和频域特性

例 8-4　选择合适的窗函数设计一个线性相位 FIR 带通滤波器，下阻带的截止频率 f_{s1} = 200Hz，下阻带的截止频率 f_{s2} = 800Hz，阻带最小衰减 α_s = 65dB，通带的下限截止频率 f_{p1} = 300Hz，通带的上限截止频率 f_{p2} = 700Hz，通带内的最大衰减 α_p = 0.5dB，采样频率 F_s = 2000Hz。要求分别绘出窗函数曲线、实际滤波器的冲激响应曲线、滤波器的幅频响应曲线和相频响应曲线。

要求阻带最小衰减 α_s = 65dB，查实验表 8-1 可得，布莱克曼窗满足要求。布莱克曼窗的过渡带宽度为 $12\pi/N$，由此可得滤波器的阶次。参考程序如下：

```
wp1 = 300/2000 * 2 * pi;wp2 = 700/2000 * 2 * pi;
ws1 = 200/2000 * 2 * pi;ws2 = 800/2000 * 2 * pi;
tr _ width = wp1 - ws1;   %计算过渡带的带宽
N = ceil(12 * pi/tr _ width);   %计算滤波器的阶次
n = 0:N - 1;
wc1 = (ws1 + wp1)/2; wc2 = (ws2 + wp2)/2;   %计算 3dB 截止频率
alpha = (N - 1)/2;      %单位响应的对称中心
m = n - alpha;
hd = sin(wc2 * m)./(pi * m) - sin(wc1 * m)./(pi * m);   %理想带通滤波器的单位响应
w _ ham = (blackman(N))';
h = hd. * w _ ham;
w = 0:0.01:pi;
```

```
H = freqz(h,1,w);
dbH = 20 * log10(abs(H)/max(abs(H)));
subplot(221);stem(n,h,'.');title('实际滤波器的单位响应');
xlabel('n');ylabel('h(n)');
subplot(222);stem(n,w_ham,'.');title('布莱克曼窗');
xlabel('n');ylabel('w(n)');
subplot(223);plot(w/pi,dbH);title('幅频响应');
xlabel('w/pi');ylabel('dB');
subplot(224);plot(w/pi,angle(H));title('相频响应');
xlabel('w/pi');ylabel('弧度');
```

运行结果如实验图 8-10 所示。由实验图 8-10 看出，设计的带通滤波器满足题目中的技术指标。其中 h = hd. * w _ ham；也可写成：h = fir1 (N - 1 , [wc1/pi wc2/pi] , blackman(N)) ; % 运用 fir1 函数设计 FIR 带通滤波器

注意：带通滤波器的设计指标中，两边过渡带的带宽一般应该一致。tr _ width 可以由任意一边的带宽来确定。如果两边过渡带的带宽不一致，则应求两个过渡带中小的一个作为设计的依据（带阻滤波器的设计与此同），此时 tr _ width 依据改为：

```
tr_width = min((wp1 - ws1), (ws2 - wp2));
```

FIR 带阻滤波器的设计留给读者自己。

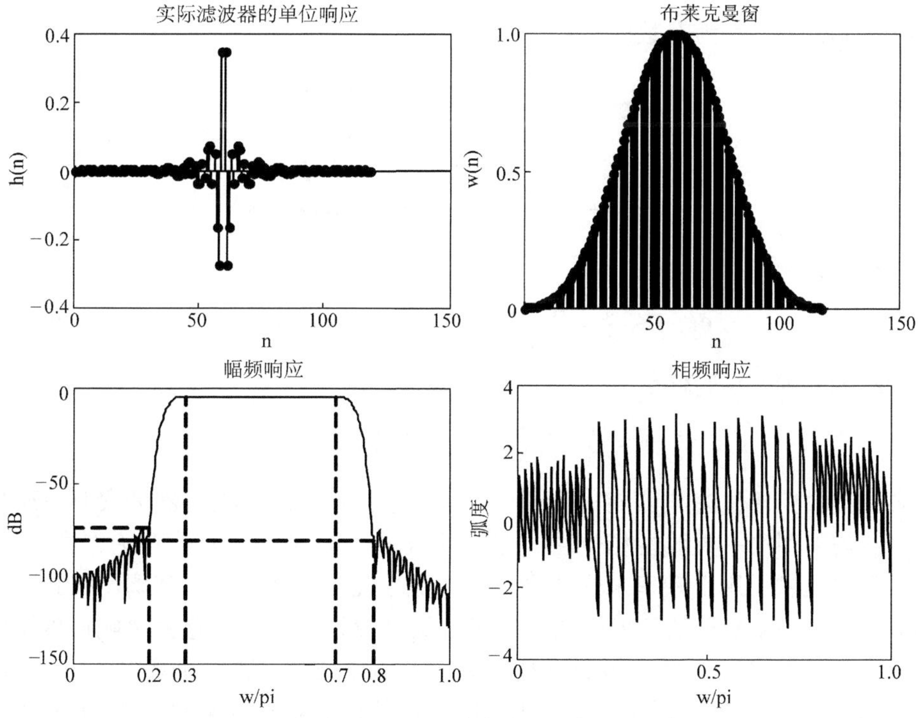

实验图 8-10　FIR 带通滤波器的时域和频域特性

3. 用频率采样法设计 FIR 数字滤波器

设计滤波器时，通常给出的是幅频特性的技术指标要求，可直接在频域进行设计。频率

采样法设计 FIR 数字滤波器的基本原理为：

待设计的滤波器的系统函数用 $H_d(e^{j\omega})$ 表示，对它在 $\omega=0$ 到 2π 之间等间隔采样 N 点，得到 $H_d(k)$，有

$$H_d(k)=H_d(e^{j\omega})\Big|_{\omega=\frac{2\pi}{N}k}\qquad k=0,1,2,\cdots,N-1 \tag{8-20}$$

再对 N 点 $H_d(k)$ 进行 IDFT，得到 $h(n)$，有

$$h(n)=\frac{1}{N}\sum_{k=0}^{N-1}H_d(k)e^{j\frac{2\pi}{N}kn}\qquad n=0,1,2,\cdots,N-1 \tag{8-21}$$

式(8-21)中，$h(n)$ 作为所设计滤波器的单位响应，其系统函数 $H(z)$ 为

$$H(z)=\sum_{n=0}^{N-1}h(n)z^{-n} \tag{8-22}$$

根据频域采样定理，已知频域的 N 点采样 $H_d(k)$，可直接得到滤波器的系统函数

$$H(z)=\frac{1-z^{-N}}{N}\sum_{k=0}^{N-1}\frac{H_d(k)}{1-e^{j\frac{2\pi}{N}k}z^{-1}} \tag{8-23}$$

式(8-22)、式(8-23)都属于用频率采样法设计的滤波器，它们对应着不同的网络结构，式(8-22)适合 FIR 直接型网络结构，式(8-23)适合 FIR 频率采样结构。频率采样法设计 FIR 滤波器的关键是 $H_d(k)$ 的取值，下面分 4 种情况进行讨论（用 $H_d(k)=H(k)e^{j\theta(k)}$ 表示对理想滤波器频率特性的等间隔采样）：

（1）$h(n)$ 偶对称，N 为奇数

$$\theta(k)=-\frac{N-1}{N}\pi k,\ H(k)=H(N-k) \tag{8-24}$$

（2）$h(n)$ 偶对称，N 为偶数

$$\theta(k)=-\frac{N-1}{N}\pi k,\ H(k)=-H(N-k) \tag{8-25}$$

（3）$h(n)$ 奇对称，N 为奇数

$$\theta(k)=\frac{\pi}{2}-\frac{N-1}{N}\pi k,\ H(k)=-H(N-k) \tag{8-26}$$

（4）$h(n)$ 奇对称，N 为偶数

$$\theta(k)=\frac{\pi}{2}-\frac{N-1}{N}\pi k,\ H(k)=H(N-k) \tag{8-27}$$

由于第一类线性相位滤波器能进行低通、高通、带通、带阻滤波器的设计，所以本设计法所有滤波器均采用第一类线性相位滤波器，即 $h(n)=h(N-1-n)$，N 为奇数。

MATLAB 中提供了用于频率采样法设计 FIR 数字滤波器的函数，其调用格式如下：

h = fir2(N,w,A)：基于频率采样法的 FIR 滤波器设计，用于任意频率响应的加窗 FIR 数字滤波器的设计。其中 N 为滤波器的阶数；w 是频率点矢量，其取值为 0～1，它是以 π 为基准频率的标称值；矢量 A 中包含与 w 相对应的期望滤波器响应幅度，矢量 A 和 w 的长度必须相同。

h = fir2(N,w,A,windows)：可将列矢量 windows 中指定的窗函数用于滤波器设计，如省略 windows，则默认为 hamming 窗。

下面举例说明频率采样法 FIR 数字滤波器的设计。

例 8-5 利用频率采样法设计线性相位低通滤波器，要求 3dB 截止频率 $\omega_c = \pi/2$rad，采样点数分别取 $N=33$ 和 $N=63$，选用 $h(n)=h(N-1-n)$的情况。分别显示理想幅频特性的采样序列和实际滤波器的幅频响应，观察采样点数对滤波器特性的影响。

用理想低通作为逼近滤波器。按照式(8-24)，有

$$H(k)=H(33-k)=1 \quad k=0,1,2,\cdots,8$$

$$H(k)=0 \quad k=9,10,\cdots,23,24$$

$$\theta(k)=-\frac{32}{33}\pi k \quad k=0,1,2,\cdots,32$$

用 MATLAB 实现如下：

```
N1 =33;n1 =0:N1 -1;wc =0.5 * pi;
M1 = fix(wc/(2 * pi/N1)); %求 3dB 截止频率对应的采样点
M2 = N1 -2 * M1 -1;
A1 =[ones(1,M1 +1),zeros(1,M2),ones(1,M1)]; %求理想低通滤波器对应的频域采样序列
theta1 = -pi * [0:N1 -1] * (N1 -1)/N1;  %第一类线性相位的相角
Hk1 = A1. * exp(j * theta1);  %由频率采样法得到的 FIR 滤波器的频域序列
h1 = real(ifft(Hk1));  %由频率采样法得到的 FIR 滤波器的单位响应
[H1 w1] = freqz(h1,1);  %由频率采样法得到的 FIR 滤波器的幅频响应
K1 = (N1 -1)/2;wa1 =[0:K1 -1]/K1;
subplot(221),plot(wa1,A1(1:K1),'. -',w1/pi,abs(H1));
xlabel('频率(单位:\pi)');ylabel('H(e^{j\omega})');
subplot(223),stem(n1,h1,'. ');title('实际滤波器的单位响应');xlabel('n');ylabel('h1(n)');
N2 =63;n2 =0:N2 -1;wc =0.5 * pi;
R1 = fix(wc/(2 * pi/N2));
R2 = N2 -2 * R1 -1;
A2 =[ones(1,R1 +1),zeros(1,R2),ones(1,R1)];
theta2 = -pi * [0:N2 -1] * (N2 -1)/N2;
Hk2 = A2. * exp(j * theta2);
h2 = real(ifft(Hk2));
[H2 w2] = freqz(h2,1);
K2 = (N2 -1)/2;wa2 =[0:K2 -1]/K2;
subplot(222),plot(wa2,A2(1:K2),'. -',w2/pi,abs(H2));
xlabel('频率(单位:\pi)');ylabel('H(e^{j\omega})');
subplot(224),stem(n2,h2,'. ');title('实际滤波器的单位响应');xlabel('n');ylabel('h2(n)');
```

运行结果如实验图 8-11 所示。可以看出，$N=63$ 时的幅频响应比 $N=33$ 时的幅频响应更接近理想幅频特性。如果将 $N=33$ 和 $N=63$ 时的滤波器的幅频特性放在同一幅图中进行比较，可以得到实验图 8-12。

对应的程序为：

```
figure(2)
subplot(221),plot(w1/pi,abs(H1),w2/pi,abs(H2),'r');legend('N =33','N =63');
dbH1 =20 * log10(abs(H1)/max(abs(H1)));
dbH2 =20 * log10(abs(H2)/max(abs(H2)));
subplot(222),plot(w1/pi,dbH1,w2/pi,dbH2,'r');legend('N =33','N =63');
```

由实验图 8-12 可看出，$N=63$ 时幅频响应的过渡带比 $N=33$ 时的幅频响应的过渡带更窄，阻带的衰减更大。同时可以由下面的语句返回 $N=33$ 和 $N=63$ 时的滤波器通带的最大衰减和阻带的最小衰减。

```
dw = pi/512;
rp1 = -(min(dbH1(1:fix(wc/dw)+1))); %求通带的最大衰减
rs1 = -round(max(dbH1(fix(wc/dw)+1:512))); %求阻带的最小衰减
```

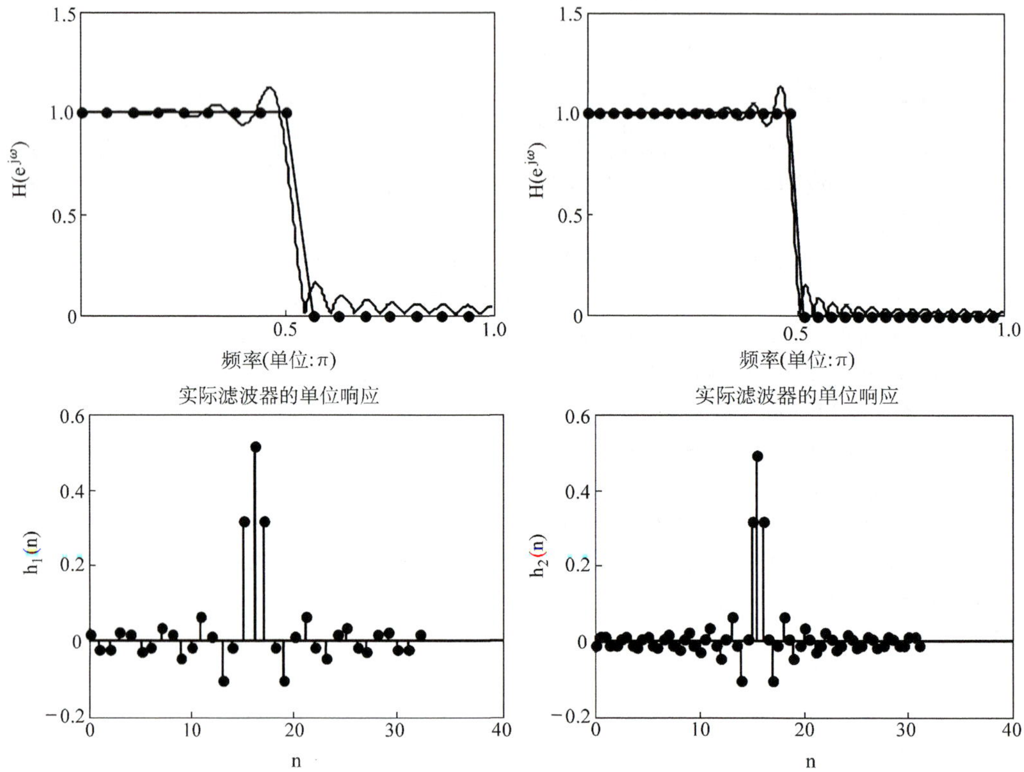

实验图 8-11　$N=33$ 和 $N=63$ 时滤波器的幅频特性和单位响应

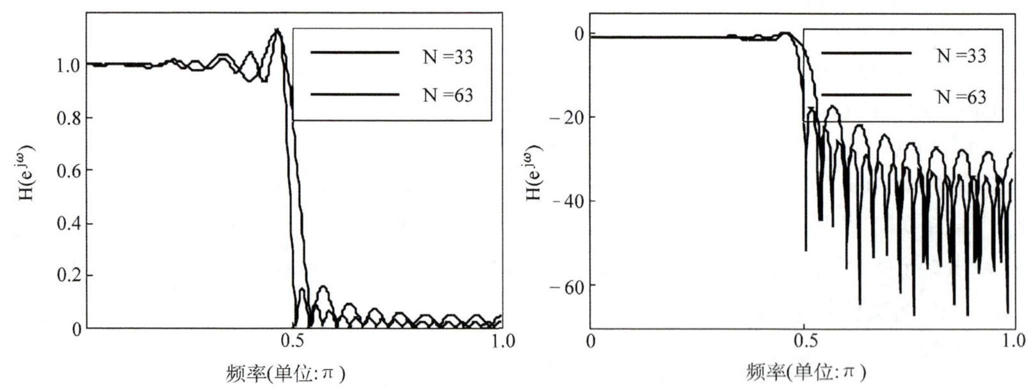

实验图 8-12　$N=33$ 和 $N=63$ 时滤波器的幅频特性和单位响应的比较

从 rs1、rs2 的返回值可以看出，这种方法设计的滤波器的阻带衰减在 20dB 左右，增加采样点数 N，对阻带的最小衰减改善不明显。这就需要对频率采样设计法进行改进，比较有效的方法是：在理想滤波器频率响应的间断点附近增加一个或几个过渡采样点，虽然增加了过渡带宽，但减小了频带边缘的起伏振荡，增大了阻带衰减。过渡采样点的取值不同，产生的效果也不一样。一般过渡带取 1 ~3 点采样值可得到满意效果。下面举例说明。

例 8-6 利用频率采样法设计线性相位低通滤波器，要求 3dB 截止频率 $\omega_c=\pi/2\text{rad}$，采样点数取 $N=33$，选用 $h(n)=h(N-1-n)$的情况。分别显示插入一个过渡点和两个过渡点时滤波器的幅频响应，观察增加过渡点对滤波器特性的影响。

参考程序如下：

```
N = 33;n = 0:N - 1;wc = 0.5 * pi;T1 = 0.4;T2 = 0.6;T3 = 0.1;
M1 = fix(wc/(2 * pi/N));
M2 = N - 2 * M1 - 1;
A1 = [ones(1,M1),T1,zeros(1,M2),T1,ones(1,M1 - 1)];
theta1 = - pi * [0:N - 1] * (N - 1)/N;
Hk1 = A1. * exp(j * theta1);
h1 = real(ifft(Hk1));
[H1 w1] = freqz(h1,1);
A2 = [ones(1,M1),T2,T3,zeros(1,M2 - 2),T3,T2,ones(1,M1 - 1)];
theta2 = - pi * [0:N - 1] * (N - 1)/N;
Hk2 = A2. * exp(j * theta2);
h2 = real(ifft(Hk2));
[H2 w2] = freqz(h2,1);
dbH1 = 20 * log10(abs(H1)/max(abs(H1)));
dbH2 = 20 * log10(abs(H2)/max(abs(H2)));
subplot(221),plot(w1/pi,abs(H1),w2/pi,abs(H2),'r');grid
xlabel('频率(单位:\pi)');ylabel('H(e^{j\omega})');Legend('一个点,'两个点');
subplot(222),plot(w1/pi,dbH1,w2/pi,dbH2,'r');grid
xlabel('频率(单位:\pi)');ylabel('H(e^{j\omega})');Legend('一个点','两个点);
```

运行结果如实验图 8-13 所示。由实验图 8-13 可看出，增加一个过渡点后，通带的波动迅速减小，阻带的衰减迅速增加，达到 40dB；当增加了两个过渡点，通带的波动进一步减小，阻带的衰减进一步增大。另外，采样点的取值不同，对滤波器的性能影响不同，这一点留给读者自己验证。

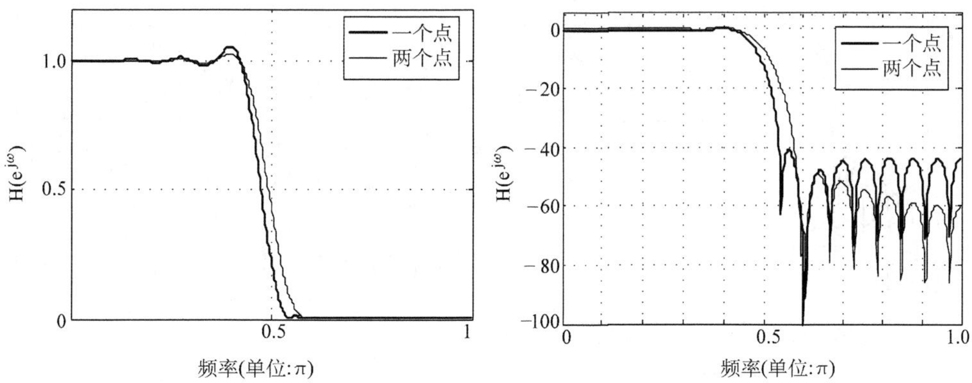

实验图 8-13 增加过渡点后的 FIR 滤波器幅频响应

下面举例说明用频率采样法设计 FIR 高通、带通、带阻滤波器的方法。

例 8-7 试用两种方法设计 FIR 高通数字滤波器，要求：通带截止频率 $\omega_p=0.3\pi$rad，通带最大波动 $\alpha_p=0.5$dB，阻带截止频率 $\omega_s=0.2\pi$rad，阻带最小衰减 $\alpha_s=55$dB。选择合适的采样点数 N，绘出滤波器的幅频响应和相频响应。

方法一：用频域采样法，在过渡带增加两个采样点，取 T1 =0.59，T2 =0.1。

方法二：用 fir2 子函数设计，加适当的窗，在过渡带增加两个采样点，取 T1 =0.59，T2 =0.1。

参考程序如下：

```
N=63;n=0:N-1;wp=0.3*pi;T1=0.59;T2=0.1;
M1=fix(wp/(2*pi/N));
M2=N-2*M1-1;
A1=[zeros(1,M1-1),T2,T1,ones(1,M2),T1,T2,zeros(1,M1-2)];
theta1=-pi*[0:N-1]*(N-1)/N;
Hk1=A1.*exp(j*theta1);
h1=real(ifft(Hk1));
[H1 w1]=freqz(h1,1);
dbH1=20*log10(abs(H1)/max(abs(H1)));
w=[0 0.2 0.25 0.28 0.3 1];
A=[0 0 T2 T1 1 1];
h2=fir2(N-1,w,A,blackman(N)); %根据阻带最小衰减αs=55dB，查表选择布莱克曼窗
[H2,w2]=freqz(h2,1);
dbH2=20*log10(abs(H2)/max(abs(H2)));
subplot(221),plot(w1/pi,dbH1,w2/pi,dbH2,'r');grid
xlabel('频率(单位:\pi)');ylabel('H(e^{j\omega})');legend('方法一','方法二');
subplot(222),plot(w1/pi,angle(H1),w2/pi,angle(H2),'r');grid
xlabel('频率(单位:\pi)');ylabel('\phi({\omega})');legend('方法一','方法二');
```

运行结果如实验图 8-14 所示。由实验图 8-14，发现当 $N=63$ 时，方法一在阻带截止频率 $\omega_s=0.2\pi$rad 的最小衰减已超过 $\alpha_s=55$dB，但方法二却不能满足技术指标，原因是什么呢？原来我们选用的是布莱克曼窗，其过渡带为 $12\pi/N$，所以按此要求，滤波器的阶次最少要 120 阶，同时过渡点的取值也有很大关系。

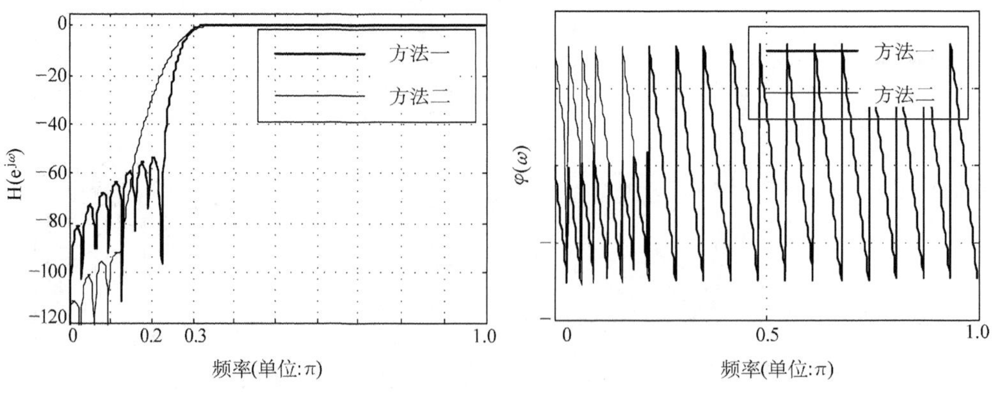

实验图 8-14 用两种方法设计的 FIR 高通数字滤波器

例 8-8 用 fir2 设计一个 FIR 带通数字滤波器，要求：通带截止频率 $\omega_{p1}=0.4\pi rad$，$\omega_{p2}=0.6\pi rad$，通带最大波动 $\alpha_p=0.5dB$，阻带截止频率 $\omega_{s1}=0.25\pi rad$，$\omega_{s1}=0.75\pi rad$，阻带最小衰减 $\alpha_s=40dB$。选择合适的采样点数 N，绘出滤波器的幅频响应和相频响应。

由阻带最小衰减 $\alpha_s=40dB$，选用默认的哈明窗，由哈明的过渡带带宽 $8\pi/N$，计算出滤波器的阶次为 53。参考程序如下：

```
N=53; n=0: N-1;
wp1=0.4; wp2=0.6; ws1=0.25; ws2=0.75;
w=[0 ws1 wp1 wp2 ws2 1];
A=[0 0 1 1 0 0];
h=fir2(N-1, w, A);
[H, w]=freqz(h, 1);
dbH1=20*log10(abs(H)/max(abs(H)));
subplot(221), plot(w/pi, dbH); grid
subplot(222), plot(w/pi, angle(H)); grid
```

运行结果如实验图 8-15 所示，满足设计指标要求。如果要得到更大的阻带衰减，也可以增加过渡点。

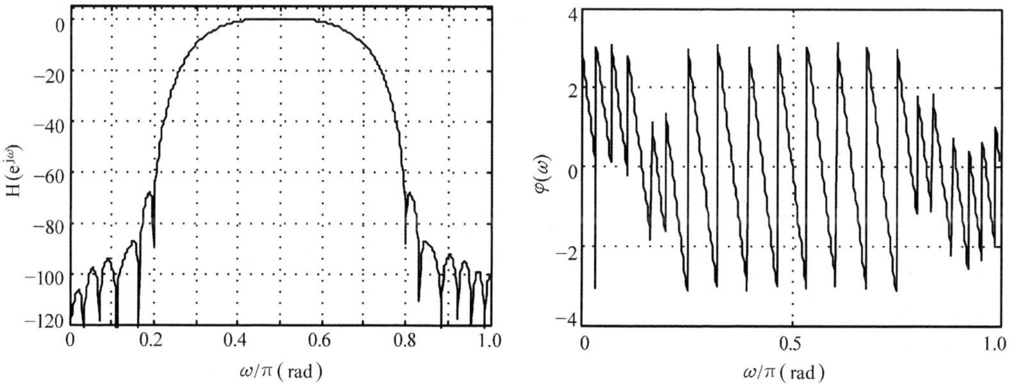

实验图 8-15 用 fir2 设计的 FIR 带通数字滤波器的幅频特性和相频特性

FIR 带阻数字滤波器的设计留给读者自己练习。

三、实验内容及步骤

1. 选择合适的窗函数设计一个线性相位 FIR 低通滤波器，通带截止频率 $\omega_p=0.3\pi rad$，阻带截止频率 $\omega_s=0.45\pi rad$，阻带最小衰减 $\alpha_s=50dB$。要求分别绘制理想冲激响应曲线、窗函数曲线、实际冲激响应曲线、FIR 低通滤波器的幅频响应曲线。

2. 选择合适的窗函数设计一个线性相位 FIR 带阻滤波器，下通带的截止频率 $f_{p1}=1kHz$，上通带的截止频率 $f_{p2}=4.5kHz$，通带内的最大衰减 $\alpha_p=0.5dB$，阻带的下限截止频率 $f_{s1}=2kHz$，阻带的上限截止频率 $f_{s2}=3.5kHz$，阻带最小衰减 $\alpha_s=65dB$，采样频率 $F_s=10kHz$。要求分别绘制窗函数曲线、实际滤波器的冲激响应曲线、滤波器的幅频响应曲线和相频响应曲线。

3. 试用两种方法设计 FIR 高通数字滤波器，要求：3dB 截止频率 $\omega_c=0.55\pi$rad，通带最大波动 $\alpha_p=0.5$dB，阻带最小衰减 $\alpha_s=40$dB。选择合适的采样点数 N，绘出滤波器的幅频响应和相频响应。

方法一：用频域采样法设计，在过渡带增加两个采样点，取 T1 =0.59，T2 =0.1。

方法二：用 fir2 子函数设计，加适当的窗，在过渡带增加两个采样点，取 T1 =0.59，T2 =0.1。

4. 用 fir2 设计一个 $N=61$ 的 FIR 带阻数字滤波器，要求通带下限截止频率 $\omega_{c1}=0.4\pi$rad，通带上限截止频率 $\omega_{c2}=0.6\pi$rad，绘出滤波器的幅频响应和相频响应。

四、思考题

1. 4 种类型线性相位 FIR 数字滤波器各适合设计哪一类的滤波器？

2. 使用 MATLAB 窗函数法设计 FIR 数字滤波器的基本方法有哪几种？请列写出主要的程序语句。

3. 用频率采样法设计 FIR 数字滤波器的基本方法有哪几种？请列写出主要的程序语句。

4. 用频率采样法设计 FIR 数字滤波器的过程中，影响滤波器性能的因素有哪些？如何进行优化？

五、实验报告要求

1. 在实验报告中简述实验目的和实验原理要点。

2. 记录在实验过程中所设计的滤波器的系统函数及对应的幅频特性曲线，定性分析它们的性能，判断设计是否满足要求。

3. 总结实验中的主要结论。

第四部分　综 合 应 用

“信号与系统”是一门理论性和实践性都很强的课程，具体表现为三“多”：第一，要求的数学知识多，包括高等代数、数值分析、概率统计、随机过程、积分变换、复变函数等；第二，要求掌握的基础知识多，包括网络理论、电路理论、MATLAB 编程技术以及信号与系统的基本理论等；第三，与其他学科的联系多，既与最优控制、通信理论、故障诊断、计算机、微电子技术密不可分，又是人工智能、模式识别、神经网络等新兴学科的理论基础之一。所以，在学习这门课程的时候，普遍感到概念抽象，对其中的分析方法和基本理论不能很好地理解与掌握。因此，如何将课本中的基本概念、基本理论、基本分析方法进行综合运用，用来解决实际问题，是一个很关键的问题。

科学研究的过程，一般可归结为：对客观事物的观察或对前人研究成果的学习→发现问题或提出新的问题→对问题的分析和研究→提出假设→通过实验手段验证假设→得出结论。正确、科学的思考模式，是进行综合实验设计、制定实验方案的前提。科学的认知过程和科学理论的建立过程，对学生掌握科学方法论，正确运用实验手段解决科学问题非常有用。这一部分的实验对学生运用所学的理论知识，解决实际问题是十分重要的。教师要启发、诱导学生潜在的创新意识，使其针对题目中的技术性关键问题进行系统的分析并寻找解决问题的方法，从而提高分析、论证的基本能力。综合设计性实验既可以使学生提高解决实际问题的能力，又能促进学生对实际问题的关注和参与，启发学生从自身专业的角度，联系现实生活找出自己的研究探索的途径。

因此，为了适应高素质人才培养的需求，构建“厚基础、宽口径、高素质、强能力、重创新”的人才培养模式，加强综合设计性实验建设，对提高学生的综合能力和培养学生的科学探索精神有着十分重要的意义。

实验九　信号的自然采样与恢复

一、实验目的

1. 理解信号的采样及采样定理以及自然采样信号的频谱特征。
2. 掌握和理解信号自然采样以及信号重建的原理，并能用 MATLAB 实现。

二、实验原理

随着数字处理技术的发展，数字处理技术相对于模拟处理技术的优越性越来越明显。在许多实际问题中，常常将模拟信号进行数字化处理，模拟信号的数字化处理过程如实验图9-1所示，首先需要将连续时间信号变成离散时间信号，这就要对信号进行采样。

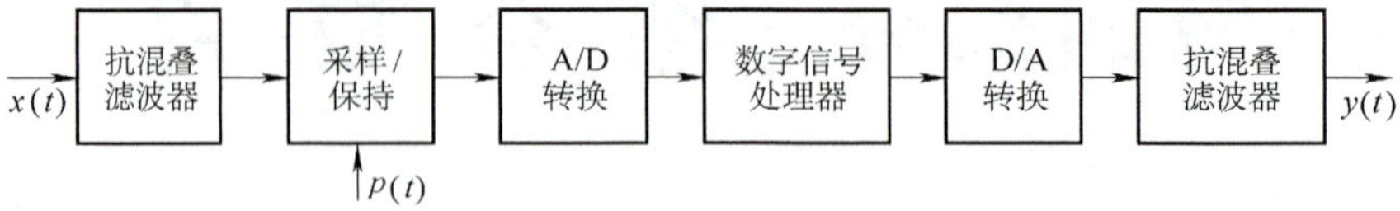

实验图9-1　模拟信号的数字处理过程

由理想单位冲激串采样，得到时域采样定理（Sampling Theorem）：一个频带受限的信号$f(t)$，如果频谱只占据$-\Omega_m \sim \Omega_m$的范围，则信号$f(t)$可以用时间间隔不大于$\dfrac{1}{2f_m}$的采样值唯一地确定。当这样的采样信号通过截止频率Ω_c满足条件$(\Omega_m \leqslant \Omega_c \leqslant \Omega_s - \Omega_m)$的理想低通滤波器后，可以完全恢复原信号。

但理想采样是无法实现的，实际中能实现的是矩形脉冲采样。下面分析矩形脉冲采样的原理和过程。

1. 矩形脉冲采样

采样脉冲$p(t)$是周期对称矩形脉冲，令其脉冲幅度为E、脉宽为τ，采样间隔为T_s（采样频率为Ω_s）。根据傅里叶级数可求得

$$F_n = \frac{1}{T_s}\int_{-\frac{T_s}{2}}^{\frac{T_s}{2}} p(t)\mathrm{e}^{-\mathrm{j}n\Omega_s t}\mathrm{d}t = \frac{1}{T_s}\int_{-\frac{\tau}{2}}^{\frac{\tau}{2}} E\mathrm{e}^{-\mathrm{j}n\Omega_s t}\mathrm{d}t = \frac{E\tau}{T_s}Sa\left(\frac{n\Omega_s\tau}{2}\right) \tag{9-1}$$

矩形脉冲信号的频谱为

$$P(\mathrm{j}\Omega) = \frac{2\pi E\tau}{T_s}\sum_{n=-\infty}^{\infty} Sa\left(\frac{n\Omega_s\tau}{2}\right)\delta(\Omega - n\Omega_s) \tag{9-2}$$

则矩形脉冲信号采样信号的频谱为

$$\begin{aligned} F_s(\mathrm{j}\Omega) &= \frac{1}{2\pi}F(\mathrm{j}\Omega) * P(\mathrm{j}\Omega) = \frac{1}{2\pi}F(\mathrm{j}\Omega) * \frac{2\pi E\tau}{T_s}\sum_{n=-\infty}^{\infty} Sa\left(\frac{n\Omega_s\tau}{2}\right)\delta(\Omega - n\Omega_s) \\ &= \frac{E\tau}{T_s}\sum_{n=-\infty}^{\infty} Sa\left(\frac{n\Omega_s\tau}{2}\right)F[\mathrm{j}(\Omega - n\Omega_s)] \end{aligned} \tag{9-3}$$

显然，在矩形脉冲采样情况下，$F_s(\mathrm{j}\Omega)$是将$F(\mathrm{j}\Omega)$以Ω_s为周期，周期性地重复而成，但在重复过程中幅度以采样信号的规律变化，如实验图9-2所示。

由实验图9-2可见，经过矩形脉冲采样和冲激采样后，其采样信号的频谱相似。因此，当$\Omega_s \geqslant 2\Omega_m$时，$F_s(\mathrm{j}\Omega)$不会产生混叠（Aliasing），完全能从$F_s(\mathrm{j}\Omega)$中取出$F(\mathrm{j}\Omega)$，也即信号$f(t)$能由采样信号$f_s(t)$完全恢复。

2. 信号的恢复

从实验图9-2可以看出，在满足采样定理的条件下，为了从频谱$F_s(\mathrm{j}\Omega)$中无失真地选出$F(\mathrm{j}\Omega)$，可以将采样信号通过一理想低通滤波器，其频率特性为

$$H(\mathrm{j}\Omega) = \begin{cases} \dfrac{T_s}{\tau} & |\Omega| \leqslant \Omega_c \\ 0 & |\Omega| > \Omega_c \end{cases} \tag{9-4}$$

其中，$\Omega_m \leqslant \Omega_c \leqslant \Omega_s - \Omega_m$。

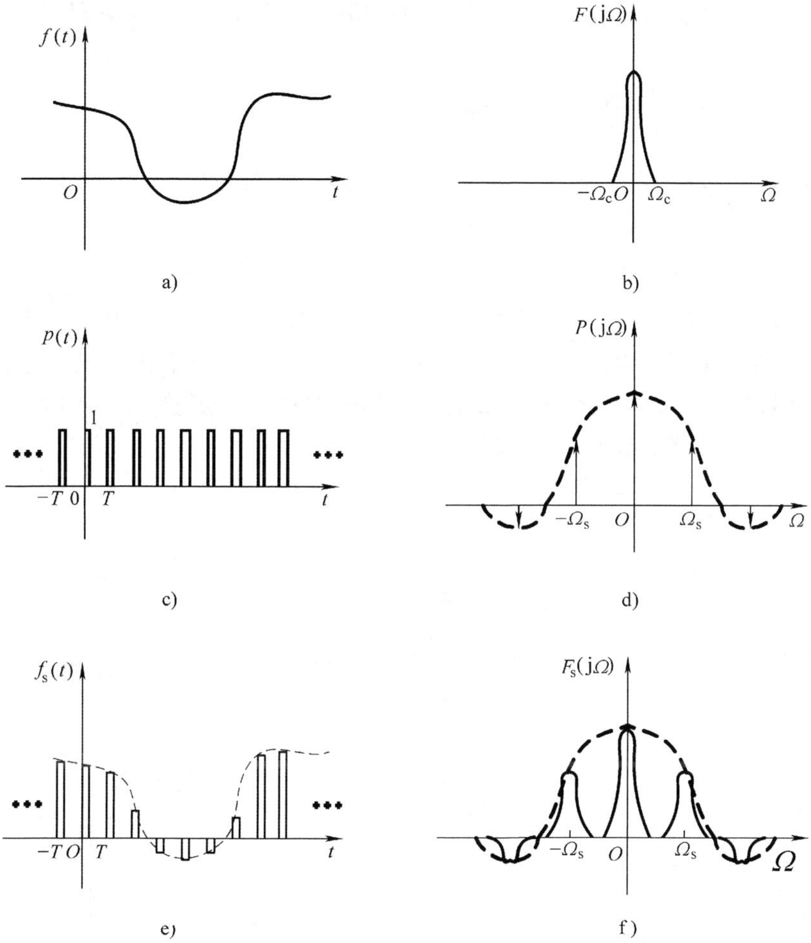

实验图 9-2　矩形脉冲采样信号的频谱

从频域角度讲，滤波器输出端的频谱 $Y(\mathrm{j}\Omega)$ 就是 $H(\mathrm{j}\Omega)$ 与 $F_s(\mathrm{j}\Omega)$ 相乘，即

$$Y(\mathrm{j}\Omega) = H(\mathrm{j}\Omega)F_s(\mathrm{j}\Omega) \tag{9-5}$$

这样，在滤波器的输出端可以得到频谱为 $Y(\mathrm{j}\Omega)$ 的连续信号 $y(t)$。下面再从时域角度来看如何由采样信号 $f_s(t)$ 恢复 $f(t)$。

因为滤波器的输出频谱 $Y(\mathrm{j}\Omega) = H(\mathrm{j}\Omega)F_s(\mathrm{j}\Omega)$。由时域卷积定理知

$$y(t) = f_s(t) * h(t) \tag{9-6}$$

其中，$h(t) = \mathscr{L}^{-1}[H(\mathrm{j}\Omega)]$。利用傅里叶变换的对偶性不难求出 $H(\mathrm{j}\Omega)$ 的傅里叶反变换为 Sa 函数，即

$$h(t) = \frac{T_s\Omega_c}{\pi}Sa(\Omega_c t) \tag{9-7}$$

实际上，$h(t)$ 就是理想低通滤波器的冲激响应，因而式（9-6）就是所熟悉的在时域中

求零状态响应的卷积公式

$$y(t)=f_s(t)*h(t)=\sum_{n=-\infty}^{\infty}f(nT_s)\delta(t-nT_s)*\frac{T_s\Omega_c}{\pi}Sa(\Omega_c t)$$

$$=\frac{T_s\Omega_c}{\pi}\sum_{n=-\infty}^{\infty}f(nT_s)Sa[\Omega_c(t-nT_s)] \tag{9-8}$$

若取 $\Omega_s=2\Omega_m$，$\Omega_c=\Omega_m$，则

$$y(t)=\sum_{n=-\infty}^{\infty}f(nT_s)Sa[\Omega_c(t-n\pi)] \tag{9-9}$$

式（9-9）说明，连续信号 $f(t)$ 可以展开成正交采样函数（Sa 函数）的无穷级数，级数的系数等于采样值 $f(nT_s)$。也就是说，若在采样信号 $f_s(t)$ 的每个样点处，绘出一个峰值为 $f_s(nT_s)$ 的 Sa 函数波形，那么其合成波形就是原信号 $f(t)$，如实验图 9-3f 所示。因此，只要已知各采样值 $f_s(nT_s)$，就能唯一地确定原信号 $f(t)$。

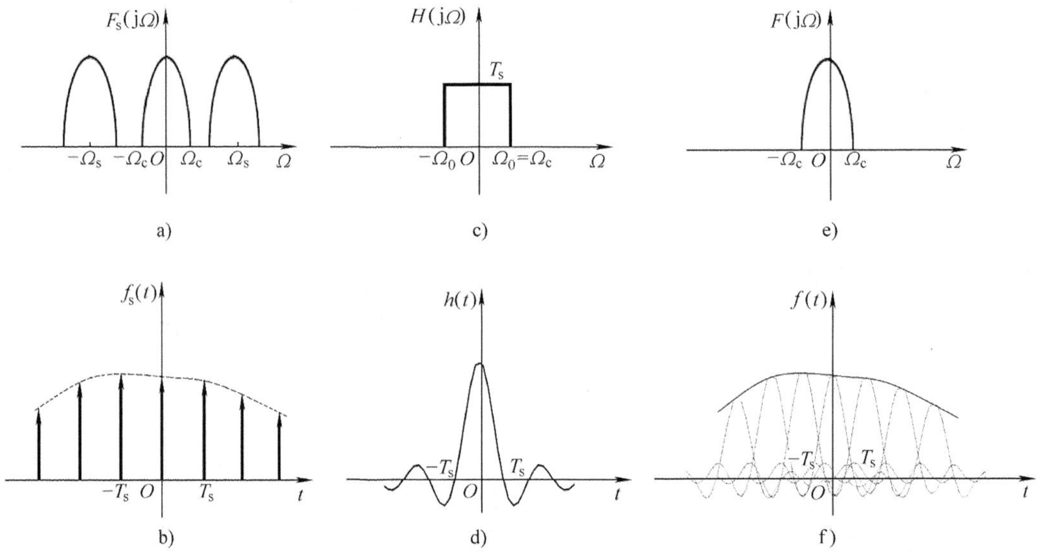

实验图 9-3　由采样信号恢复连续信号

但是，实际上理想低通滤波器是不可能实现的。而实际低通滤波器的幅频特性如实验图 9-4 中虚线所示。由于实际滤波器的滤波特性在进入截止后不够陡直，滤波器输出端除了有所需信号的频谱分量外，还夹杂着相邻部分的一些频率分量，这样，恢复的信号与原信号就有差别。解决的方法是提高采样频率 Ω_s，使得滤波器的输出端只含有所需要的信号频谱。另一方面，实际被传输的信号一般不是频带受限信号（如常用的矩形脉冲信号，其频谱为 Sa 函数），这样的信号经过采样后，采样信号的频谱如实验图 9-5 所示。其中相邻部分之间就会出现频谱混叠现象。在这种情况下，利用低通滤波器就难以把所需信号无失真地滤出。但是，一般信号都占有一个有效的频带宽度，在某个范围之外的频率分量实际上可忽略不

计。因此，只要采样频率足够高，并且采用高阶低通滤波器，把所需的原信号有效地分离出来还是可以做到的。

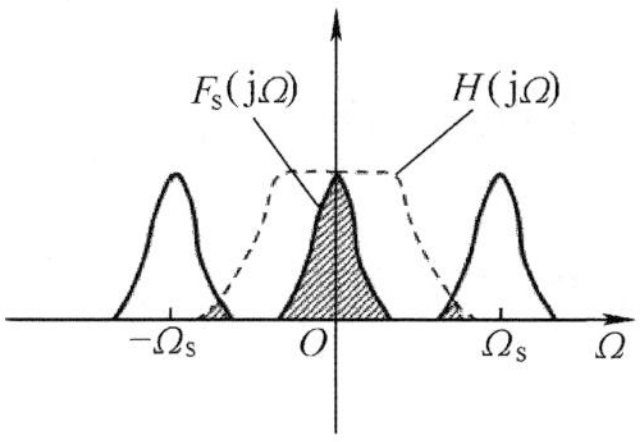

实验图 9-4　采样信号通过实际低通滤波器

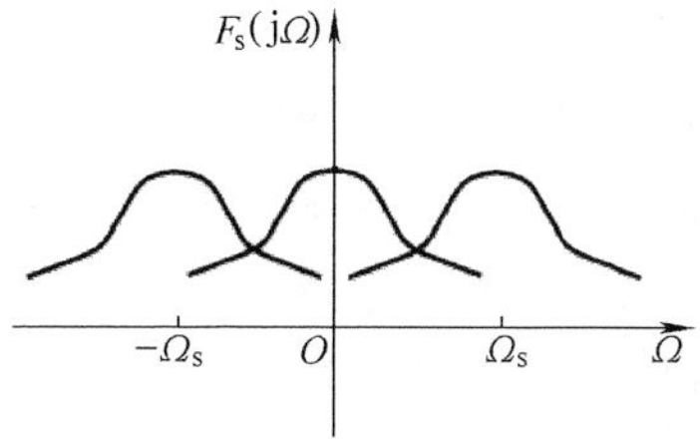

实验图 9-5　非频谱受限信号采样后频谱的混叠现象

三、实验内容

对于给定带限信号 $f(t)$，其频谱 $F(j\Omega)=\begin{cases}\cos\Omega & -0.5\pi<\Omega<0.5\pi\\ 0 & 其他\end{cases}$。

1. 绘出此信号的频谱图（Ω 的取值：$-0.5\pi<\Omega<0.5\pi$，精度取 0.01rad）。

2. 对此频域信号进行傅里叶反变换，得到相应的时域信号，绘出此信号的时域波形 $f(t)$（t 的取值：$-20\text{s}<t<20\text{s}$；精度取 0.1s）。

3. 分别用 3 种不同采样频率 $f_s=0.2\text{Hz},0.5\text{Hz},1.0\text{Hz}$ 的周期矩形脉冲信号（矩形脉冲的幅度 E 取 1，宽度 τ 取 0.01s），对 $f(t)$ 进行采样，绘出采样后信号的频谱图（$\Omega=2\pi f$ 的取值：$-10\text{rad}<\Omega<10\text{rad}$，精度取 0.01rad）。

4. 针对 3 中采样所得的矩形采样信号，用滤波器 $H(j\Omega)=\begin{cases}\dfrac{T_s}{\tau} & -0.5\pi<\Omega<0.5\pi\\ 0 & 其他\end{cases}$ 对所得信号进行滤波，所得恢复信号 $f'(t)$ 的频谱，记为 $F'(j\Omega)$，与原信号的频谱 $F(j\Omega)$ 进行比较（Ω 的取值：$-2\text{rad}<\Omega<2\text{rad}$，精度取 0.01rad）。

5. 从时域比较原连续信号和采样后恢复的信号，找出区别并说明原因。

四、实验涉及的 MATLAB 函数

1. exp( )：指数信号。
2. fourier( )：连续信号傅里叶变换。
3. ifourier( )：连续信号傅里叶反变换。
4. abs( )：求绝对值。
5. max( )：求最大值。
6. exp( )：指数信号。
7. conv( )：求卷积。
8. buttord( )：设计 IIR 数字滤波器。还有 cheb1ord( )、cheb2ord( )、ellipord( )。
9. fir1( )：设计 FIR 数字滤波器。还有 fir2( )。

五、实验要求

1. 认真阅读实验原理，自行查找有关资料，做好实验前的理论和技术准备。

2. 根据实验内容编写有关的 MATLAB 程序。

3. 针对每一项实验内容书写详细的实验报告，对实验的方法、步骤、实验结果、实验数据曲线进行描述和分析。

实验十　语音信号的采样和频谱分析

一、实验目的

1. 根据已经学习过的数字信号处理及 MATLAB 的有关知识，借助计算机提供的硬件和 Windows 操作系统，进行信号分析和处理。

2. 掌握在 Windows 环境下语音信号采集的方法。

3. 通过实验，了解计算机存储信息的方式及语音信号的特点，进一步加深对采样定理的理解。

二、实验原理

由于语音信号是一种连续变化的模拟信号，而计算机只能处理和记录二进制的数字信号，因此，由自然音得到的音频信号必须经过采样、量化和编码，变成二进制数据后才能送到计算机进行再编辑和存储。语音信号输出时，则与上述过程相反。

用计算机的声音编辑工具进行语音信号的录制时，已经利用了计算机上的 A/D 转换器，将模拟声音信号变成了离散的量化了的数字信号。把这段语音信号以数据的形式存储起来，可以得到以 . wav 作为文件扩展名的文件。Wav 格式是 Windows 下通用的数字音频文件标准，其数据格式为二进制码，编码方式为 PCM（脉冲编码调制），其采样速率从 8kHz 到 48kHz，通常 3 个标准的采样频率分别为 44. 1kHz，22. 04kHz，11. 025kHz。量化等级有 8 位和 16 位两种，且分为单声道和立体声，使用时可根据需要进行选择。

一般电话对声音的要求是最低的，只需传输 0. 3 ~ 3. 4kHz 范围内的频率。采样频率可以取最低的 8kHz，单声道，量化为 8 位。CD 唱片则要求 20kHz 的频率，故采样频率取 44. 1kHz，立体声，量化 16 位。

放音时，量化了的数字信号又通过 D/A 转换器，把保存起来的数字数据恢复成原来的模拟的语音信号。

三、实验内容

1. 用计算机的声音编辑工具录制一段语音信号，生成 . wav 文件。录制的语音信号可以由送话器输入，也可以由 CD 输入。提示：计算机声音编辑工具的使用方法是：在 Windows 操作系统下点击【开始】→【程序】→【附件】→【娱乐】→【录音机】，将出现如实验图 10-1 所示的录音机面板。

2. 理解信号采样频率的确定原则。选择 3 种不同的采样频率对同一语音信号进行采样，生成 . wav 文件，并试听回放效果，进行比较。提示：在 Windows 操作系统的录音机【文件】→【属性】下，可以选择放音、录音格式，如实验图 10-2 所示。单击【立即转换】，将显示如实验图 10-3 所示的界面，可以选择采样速率、量化等级、单声道或立体声等指标。

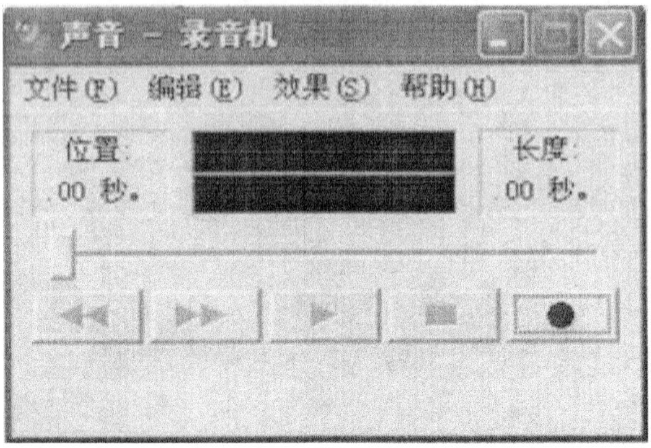

实验图 10-1　录音机面板

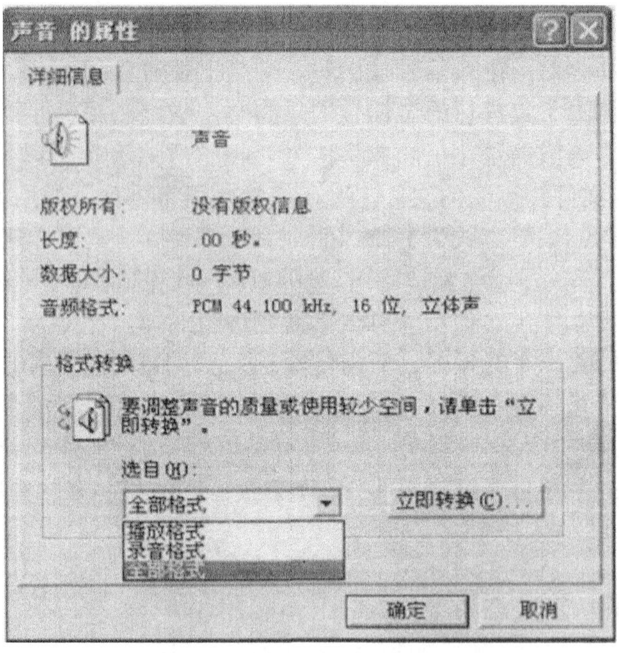

实验图 10-2　录音机声音属性界面

3. 采用 MATLAB 对语音信号的时域波形和频谱进行观察和分析。
4. 设计数字滤波器和绘出频率响应。

根据语音信号的特点给出有关滤波器的性能指标：

1）低通滤波器性能指标，fp = 1000Hz，fs = 1200Hz，As = 100dB，Ap = 1dB。

2）高通滤波器性能指标，fs = 4800Hz，fp = 5000Hz，As = 100dB，Ap = 1dB。

3）带通滤波器性能指标，fp1 = 1200Hz，fp2 = 3000Hz，fs1 = 1000Hz，fs2 = 3200Hz，As = 100dB，Ap = 1dB。

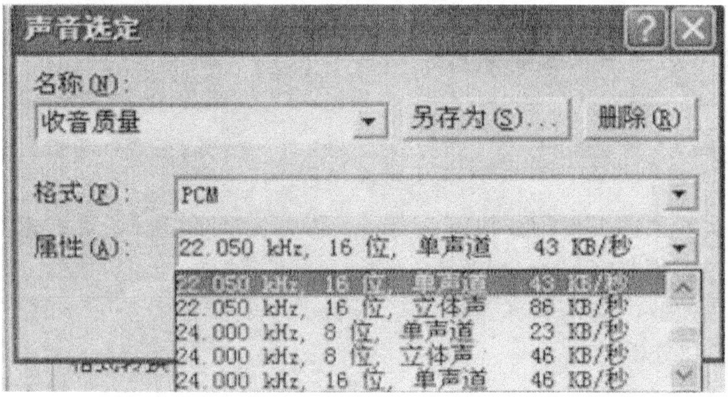

实验图 10-3　录音机声音指标的调整界面

要求首先用窗函数法设计上面要求的 3 种滤波器，在 MATLAB 中，可以利用函数 fir1 设计 FIR 滤波器，然后再用双线性变换法设计上面要求的 3 种滤波器；在 MATLAB 中，可以利用函数 butter、cheby1、cheby2 和 ellip 设计 IIR 滤波器；最后，利用 MATLAB 中的函数 freqz 绘出各滤波器的频率响应。

5. 用滤波器对信号进行滤波。

比较两种滤波器的性能，然后用性能好的滤波器分别对采集的信号进行滤波，在 MATLAB 中，FIR 滤波器利用函数 fftfilt 对信号进行滤波，IIR 滤波器利用函数 filter 对信号进行滤波。

6. 比较滤波前后语音信号的波形及频谱。

7. 回放语音信号，感觉滤波前后声音的变化。

四、实验涉及的 MATLAB 函数

1. y = wavread(file)：读取 file 所规定的 .wav 文件，返回采样值放在向量 **y** 中。

[y,fs,nbits] = wavread(file)：采样值放在向量 **y** 中，fs 表示采样频率（Hz），nbits 表示采样位数。

y = wavread(file,N)：读取前 *N* 点的采样值放在向量 **y** 中。

y = wavread(file,[N1,N2])：读取从 N1 点到 N2 点的采样值放在向量 **y** 中。

2. sound(x,fs,bits)：将 x 的数据通过声卡转化为声音。

3. save‘filename’x：将 x 的数据转换成文件名与‘filename’相同，扩展名为 .mat 的数据文件保存，以便用 MATLAB 的各种工具进行处理。

4. fft()：对信号进行谱分析。

5. fir1( )：窗函数法设计 FIR 数字滤波器。

6. fir2( )：频率采样法设计 FIR 数字滤波器。

7. buttord( )：设计巴特沃思型的 IIR 数字滤波器。还有 cheb1ord( )、cheb2ord( )、ellipord( )设计切比雪夫和椭圆型的 IIR 数字滤波器。

8. filter( )：IIR 数字滤波器实现滤波。

9. fftfilt( )：FIR 数字滤波器实现滤波。

五、实验要求

1. 认真阅读实验原理，自行查找有关资料，做好实验前的理论和技术准备。

2. 根据实验内容编写有关的 MATLAB 程序。

3. 针对每一项实验内容书写详细的实验报告，对实验的方法、步骤、实验结果、实验数据曲线进行描述和分析。

实验十一　超外差接收机的设计

一、实验目的

1. 加深对调制与解调原理及过程的理解，能将调制与解调原理应用到实际中。
2. 加深对滤波器滤波特性的理解。
3. 掌握超外差接收机的原理，并利用 MATLAB 实现。

二、实验原理

1. 双边带调幅（DSB-AM）的调制

被调制信号与载波信号相乘得到调制信号，如实验图 11-1 所示。有

$$y(t)=A_c f(t)\cos(\Omega_c t) \tag{11-1}$$

其中载波为 $c(t)=A_c\cos(\Omega_c t)$，被调制信号为 $f(t)$。

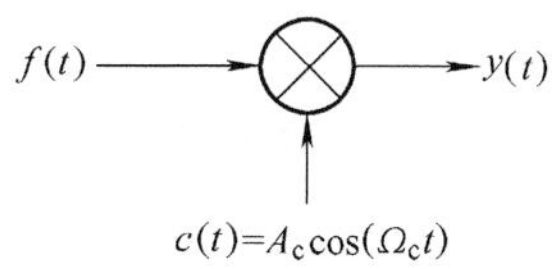

实验图 11-1　DSB-AM 信号的调制

调制信号的傅里叶变换为

$$Y(\mathrm{j}\Omega)=\frac{A_c}{2}F[\mathrm{j}(\Omega-\Omega_c)]+\frac{A_c}{2}F[\mathrm{j}(\Omega+\Omega_c)] \tag{11-2}$$

其中 $F(\mathrm{j}\Omega)$ 为 $f(t)$ 的傅里叶变换，且设输入信号 $f(t)$ 为带限信号（即当 $|\Omega|>\max(\Omega)$ 时，$F(\mathrm{j}\Omega)=0$）。

2. 双边带调幅（DSB-AM）的解调

DSB-AM 信号的解调需要一个频率与相位都和载波相同的信号。系统框图如实验图 11-2 所示。

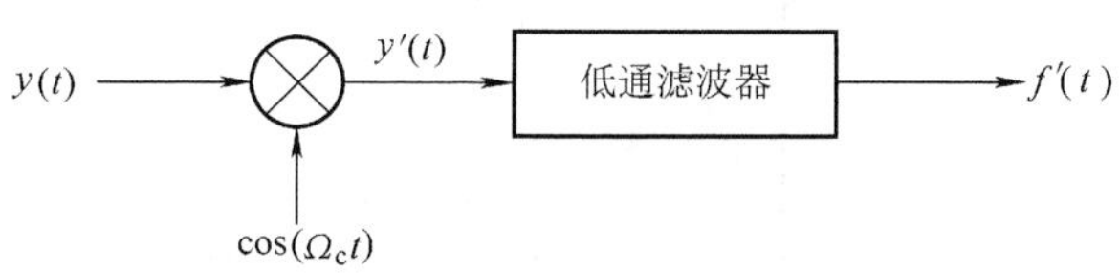

实验图 11-2　DSB-AM 信号的解调

其中

$$y'(t)=A_c f(t)\cos(\Omega_c t)\cos(\Omega_c t)=\frac{A_c}{2}f(t)+\frac{A_c}{2}f(t)\cos(2\Omega_c t) \tag{11-3}$$

则 $y'(t)$ 的傅里叶变换为

$$Y'(\mathrm{j}\Omega)=\frac{A_c}{2}F(\mathrm{j}\Omega)+\frac{A_c}{4}F[\mathrm{j}(\Omega+2\Omega_c)]+\frac{A_c}{4}F[\mathrm{j}(\Omega-2\Omega_c)] \tag{11-4}$$

低通滤波器的频率响应为

$$H(\mathrm{j}\Omega)=\begin{cases}\dfrac{2}{A_c} & |\Omega|\leqslant\Omega_s\\ 0 & 其他\end{cases} \tag{11-5}$$

对于带限信号 $f(t)$（即当 $|\Omega|>\max(\Omega)$ 时，$F(\mathrm{j}\Omega)=0$），Ω_s 需满足 $\Omega_{max}<\Omega_s<2\Omega_c-$

Ω_{max}。

解调输出信号的频谱

$$F'(j\Omega) = F(j\Omega)H(j\Omega) = F(j\Omega) \quad (11\text{-}6)$$

3. 超外差接收机的设计

无线电与电视信号的准确解复用——解调，通常是利用一种称为超外差接收机的系统来实现的，它等效于一种可变协调器，其基本组成系统如实验图 11-3 所示。

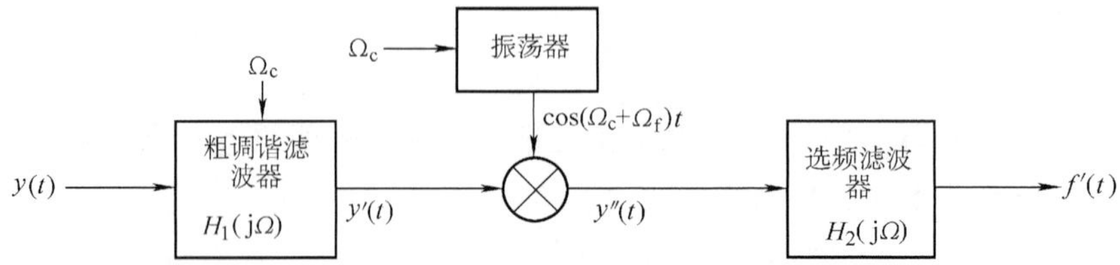

实验图 11-3　超外差接收机系统基本组成图

输入信号 $y(t)$ 由已经频分多路复用过的众多调幅信号叠加而成，每一路信号都占有一个不同频率的信道。

三、实验内容

考虑这样一个信道，它包括幅度已调信号 $y_1(t)=f_1(t)\cos\Omega_c t$，其频谱 $Y_1(j\Omega)$ 如实验图 11-4 所示，现在要求利用实验图 11-3 的系统对 $y_1(t)$ 先解复用，再解调以便恢复调制信号 $f_1(t)$，并绘出框图。

1）设计粗调谐滤波器，使得其输出的频谱如实验图 11-5 所示

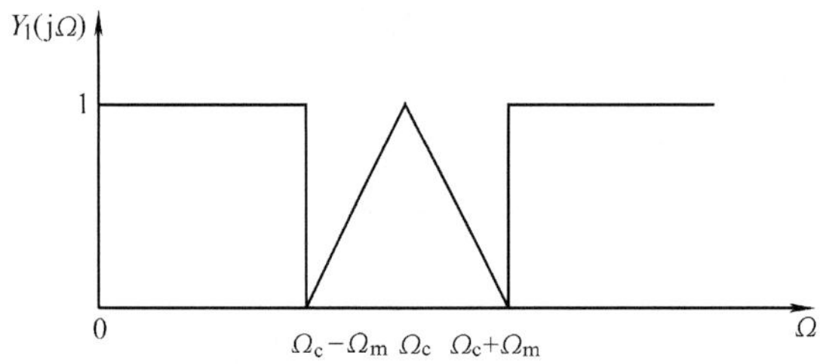

实验图 11-4　输入信号频谱

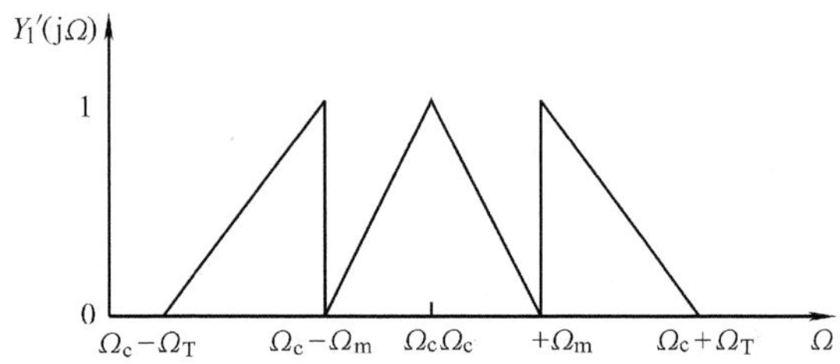

实例图 11-5　粗调谐滤波器输出信号频谱

2）粗谐调滤波器输出信号经过如实验图 11-3 所示的振荡器，再经固定选频滤波器。要求固定选频滤波器的输出信号为 $f'(t)=f_1(t)\cos(\Omega_f t)$，且其频谱不失真，设计固定选频滤波器实现并绘出框图。

3）用 MATLAB 语言编程实现整个超外差接收机的过程。

四、实验涉及的 MATLAB 函数

1. fft()：对信号进行谱分析。
2. ifft()：对信号进行傅里叶反变换。

3. fir1( )：窗函数法设计 FIR 数字滤波器。

4. fir2( )：频率采样法设计 FIR 数字滤波器。

5. buttord( )：设计巴特沃思型的 IIR 数字滤波器。还有 cheb1ord( )、cheb2ord( )、ellipord( )设计切比雪夫和椭圆型的 IIR 数字滤波。

6. filter( )：IIR 数字滤波器实现滤波。

7. fftfilt( )：FIR 数字滤波器实现滤波。

五、实验要求

1. 认真阅读实验原理，自行查找有关资料，做好实验前的理论和技术准备。

2. 根据实验内容编写有关的 MATLAB 程序。

3. 针对每一项实验内容书写详细的实验报告，对实验的方法、步骤、实验结果、实验数据曲线进行描述和分析。

实验十二　FDMA 通信系统的设计

一、实验目的

1. 加深对调制与解调原理及过程的理解，能将调制与解调原理应用到 FDMA 通信系统中。

2. 加深对滤波器滤波特性的理解。

3. 掌握 FDMA 通信系统的原理，并利用 MATLAB 实现。

二、实验原理

1. 频分复用的原理

复用是指将若干个彼此独立的信号合并成可在同一信道上传输的复合信号的方法。常见的信号复用采用按频率区分与按时间区分的方式，前者称为频分复用，后者称为时分复用。

通常在通信系统中，信道所提供的带宽往往比传输一路信号所需要的带宽宽得多，这样就可以将信道的带宽分割成不同的频段，每频段传输一路信号，这就是频分复用（Frequency Division Multiple Access，FDMA）。为此，在发送端首先要对各路信号进行调制，将其频谱函数搬移到相应的频段内，使之互不重叠，再送入信道一并传输。在接收端则采用不同通带的带通滤波器将各路信号分隔，然后再分别解调，恢复各路信号。调制的方式可以任意选择，但常用的是单边带调制。因为每一路信号占据的频段小，最节省频带，在同一信道中传送的路数可以增加。

实验图 12-1 给出了频分复用系统的示意图。如图所示，其中 $f_1(t)$，$f_2(t)$，…，$f_n(t)$ 为 n 路低频信号，通过调制器形成各路处于不同频段上的边带信号。频分复用的理论基础仍然是调制和解调。通常为防止邻路信号的相互干扰，相邻两路间还要留有防护频带，因此各路载频之间的间隔应为每路信号的频带与保护频带之和。以语音信号为例，其频谱一般在 0.3 ~3.4kHz 范围内，防护频带标准为 900Hz，则每路信号占据频带为 4.3kHz，以此来选择相应的各路载频频率。在接收端，则用带通滤波器将各路信号分离，再经同步检波即可恢复各路信号，为减少载波频率的类型，有时也用二次调制。

频分复用技术除传统意义上的频分复用（FDMA）外，还有一种是正交频分复用（OFDM）。

（1）传统的频分复用

传统的频分复用典型的应用莫过于广电 HFC 网络电视信号的传输了，不管是模拟电视信号还是数字电视信号都是如此，因为对于数字电视信号而言，尽管在每一个频道（8MHz）以内是时分复用传输的，但各个频道之间仍然是以频分复用的方式传输的。

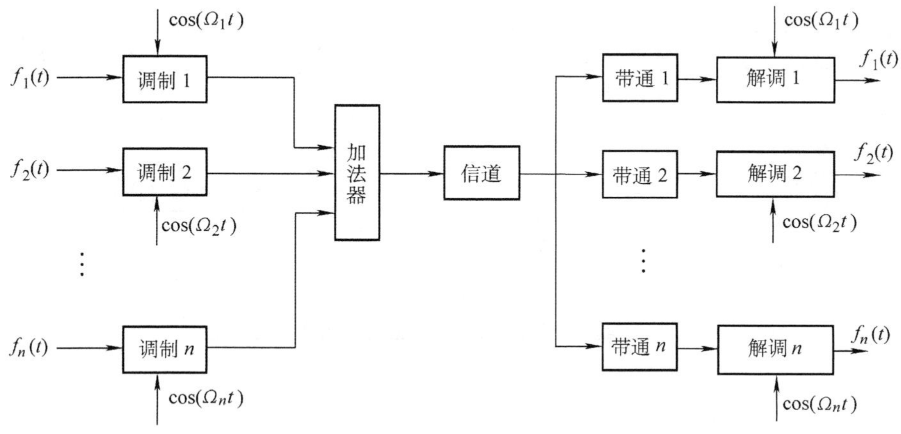

实验图 12-1 频分复用系统的示意图

（2）正交频分复用

OFDM（Orthogonal Frequency Division Multiplexing）实际是一种多载波数字调制技术。OFDM 全部载波频率有相等的频率间隔，是一个基本振荡频率的整数倍，正交指各个载波的信号频谱是正交的。

OFDM 系统比 FDMA 系统要求的带宽小得多。由于 OFDM 使用无干扰正交载波技术，单个载波间无需保护频带，这样使得可用频谱的使用效率更高。另外，OFDM 技术可动态分配在子信道中的数据，为获得最大的数据吞吐量，多载波调制器可以智能地分配更多的数据到噪声小的子信道上。目前 OFDM 技术已被广泛应用于广播式的音频和视频领域，以及民用通信系统中，主要的应用包括：非对称的数字用户环线（ADSL）、数字视频广播（DVB）、高清晰度电视（HDTV）、无线局域网（WLAN）和第 4 代（4G）移动通信系统等。

频分复用系统最大的优点是信道复用率高，允许的复用路数较多，同时分路也很方便，是模拟通信中主要的一种复用方式，在有线和微波通信中应用十分广泛。缺点是设备生产较为复杂，同时因滤波性能不够理想，信道内存在的非线性容易产生路间干扰。

2. FDMA 通信系统的原理

FDMA 通信系统模型如实验图 12-2 所示。同学们还可了解一下 WDMA。WDMA 和 FDMA 基本上基于相同原理，所不同的是，WDMA 应用于光纤信道上的数字化光波传输过程，而 FDMA 应用于模拟传输，诸如双绞线话路传输、电缆接入、蜂窝、无线电以及 TV 通信等。一直以来，TDMA、CDMA 也是结合 FDMA 共同作用。

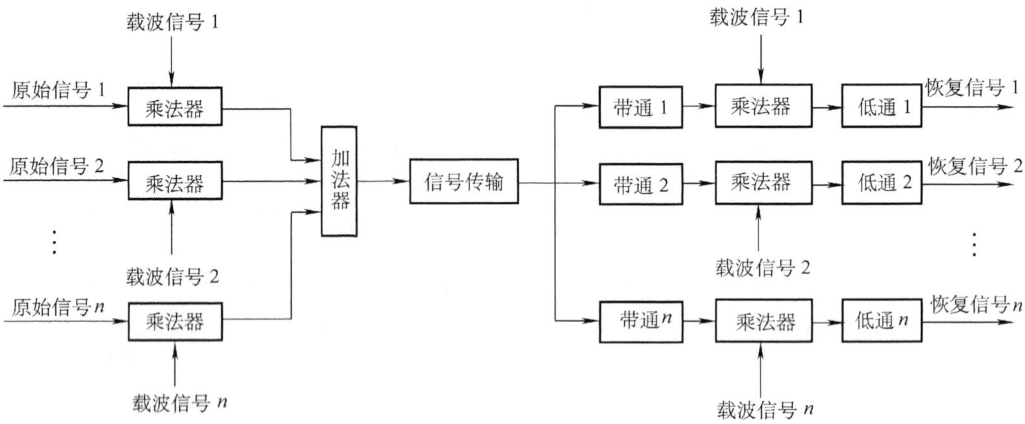

实验图 12-2　FDMA 通信系统模型

三、实验内容

在 MATLAB 环境中，利用编程方法对 FDMA 通信模型进行仿真研究。

设计要求如下：

1）MATLAB 支持送话器，可直接进行声音的录制，要求至少获取 3 路语音信号。

2）对各路语音信号进行频谱分析。

3）将各路语音信号分别与各自的高频载波信号相乘，由于各高频载波信号将各语音信号频谱移到不同频段，复用信号频谱为各信号频谱的叠加，因此，只需传输该复用信号便可在同一信道上实现各路语音信号的同时传输。

4）传输完成后，通过选择合适的带通滤波器，即可获得各个已调信号。

5）再进行解调，即将各个已调信号分别乘以各自的高频载波信号，这样，原始低频信号被移到低频段。

6）最后通过选择合适的低通滤波器恢复出各原始语音信号，从而实现 FDMA 通信传输。

四、实验涉及的 MATLAB 函数

1. fft( )：对信号进行谱分析。

2. ifft( )：对信号进行傅里叶反变换。

3. fir1( )：窗函数法设计 FIR 数字滤波器。

4. fir2( )：频率采样法设计 FIR 数字滤波器。

5. buttord( )：设计巴特沃思型的 IIR 数字滤波器。还有 cheb1ord( )、cheb2ord( )、ellipord( )设计切比雪夫和椭圆型的 IIR 数字滤波器。

6. filter( )：IIR 数字滤波器实现滤波。

7. fftfilt( )：FIR 数字滤波器实现滤波。

8. [y,fs,nbits] = wavread(file)：采样值放在向量 **y** 中，fs 表示采样频率（Hz），nbits 表示采样位数。

y = wavread(file,N)：读取前 N 点的采样值放在向量 **y** 中。

9. sound(x,fs,bits)：将 x 的数据通过声卡转化为声音。

五、实验要求

1. 认真阅读实验原理，自行查找有关资料，做好实验前的理论和技术准备。
2. 根据实验内容编写有关的 MATLAB 程序。
3. 针对每一项实验内容书写详细的实验报告，对实验的方法、步骤、实验结果、实验数据曲线进行描述和分析。

实验十三　信号混响效果的设计

一、实验目的

1. 加深对离散时间线性时不变系统的理解，并能根据实际问题建立数学模型。
2. 加深对滤波器滤波特性的理解。
3. 掌握信号混响的原理，并利用 MATLAB 实现。

二、实验原理

1. 混响的概念与重要性

混响是指室内声源停止发声后，由于房间边界面或其中障碍物使声波多次反射或散射，而产生声音延续的现象。声波在室内传播时，要被墙壁、天花板、地板等障碍物反射，每反射一次都要被障碍物吸收一些。这样，当声源停止发声后，声波在室内要经过多次反射和吸收，最后才消失，我们就感觉到声源停止发声后声音还继续一段时间，这段时间叫做混响时间。

混响在日常生活中是一种常见的声学现象，常用混响时间作为混响过程长短的定量指标。混响时间至今仍是厅堂音质评价的首选物理指标，混响时间太长，则声音混浊不清，反之则声音“发干”；如果混响时间适当，则声音圆润丰满、宏亮。不同场所和不同的听音内容，要求有不同的混响时间。对讲演厅来说，混响时间不能太长。我们平时讲话，每秒钟大约发出 2 ~ 3 个单字，假定发出两个单字“信号”，设想混响时间是 3s，那么，在发出“信”字的声音之后，虽然声强逐渐减弱，但还要持续一段时间（3s），在发出“号”字声音的时刻，“信”字的声强还相当大，因而两个单字的声音混在一起，什么也听不清楚了。但混响时间也不能太短，太短则响度不够，也听不清楚。因此需要选择一个最佳混响时间，如北京科学会堂有一个学术报告厅，混响时间为 1s。

同时，最佳混响时间还因听音内容的不同而不同：轻音乐要求节奏鲜明，混响时间要短些；交响乐的混响时间可以长些；不易听懂的剧种如昆曲之类，混响时间一长，就更难于听懂；节奏较慢而偏于抒情的剧种，混响时间则可以长些。总之，要有一定的、恰当的混响时间，才能把各种听音内容的感情色彩表现出来，收到应有的艺术效果。不同的应用场合需要不同的混响时间，但许多场所的混响时间并不合适，特别是有些多功能厅。为解决这个问题，可将房间混响时间缩短，然后再加入适量的人工混响，从而得到较好的音质效果。处理好不同应用场合的声响效果，取得更好的音质，是一门很重要的学问，也是与我们生活关系密切的科学。

人工混响主要有两种实现方法：一种是用房间冲激响应模拟混响效果，另一种是用延时反馈网络模拟混响效果。

2. 人工混响的原理

假设在这样一个房间里，教师的声音经过多次反射，到达学生耳朵，混响产生的示意图如实验图 13-1 所示。

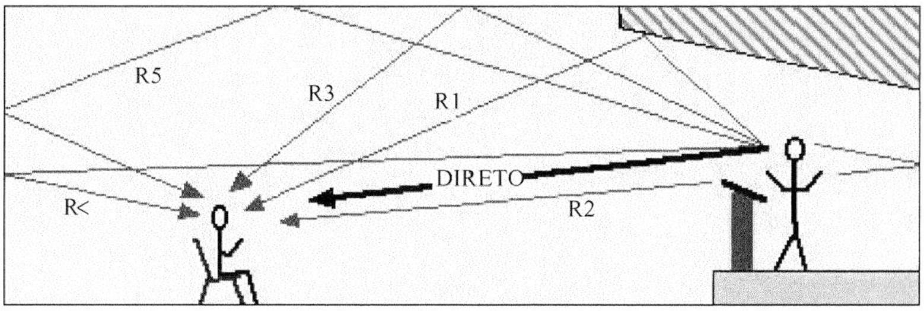

实验图 13-1　混响产生的示意图

图中只列举出了 5 条声音反射路线，实际上有几千几万条甚至无数条。这里为了讲解方便，只列出 5 条。教师每讲一句话，学生实际上就听到了 6 句：第一句是直接传到了学生的耳朵里，没有经过反射，后面 5 句是经过各种反射线路到达学生耳朵的声音，这 6 句话时间间隔得非常近。由于这些反射声到达的时间间隔太近，所以学生就听不出来是 6 句话，而是 1 句带有混响感觉的话。学生听到的声音是这 6 个声音的叠加，可以描述为

$$y(t)=x(t)+b_1x(t-t_1)+b_2x(t-t_2)+b_3x(t-t_3)+b_4x(t-t_4)+b_5x(t-t_5) \quad (13\text{-}1)$$

其中，$y(t)$为学生听到的声音；$x(t)$为教师发出的声音。若把教室看成一个系统，那么$x(t)$为输入信号，$y(t)$为输出信号，因为$x(t)$、$y(t)$都是连续的声音信号，选择合适的采样频率f_s，对信号进行离散化，从而得到

$$y(nT_s)=x(nT_s)+b_1x(nT_s-n_1T_s)+b_2x(nT_s-n_2T_s)+\cdots+b_5x(nT_s-n_5T_s) \quad (13\text{-}2)$$

其中，T_s 为采样间隔，$T_s=1/f_s$，进一步化简得

$$y(n)=x(n)+b_1x(n-n_1)+b_2x(n-n_2)+b_3x(n-n_3)+b_4x(n-n_4)+b_5x(n-n_5) \quad (13\text{-}3)$$

三、实验内容

选择一个语音信号作为分析的对象，或录制一段自己的语音信号，对其进行频谱分析，然后在时域用数字信号处理方法将信号加入混响，再分析其频谱，并与原始信号频谱进行比较。设计步骤如下：

1）MATLAB 支持送话器，可直接进行声音的录制，获取一路语音信号。

2）对语音信号进行频谱分析。

3）设计几种混响器（滤波器），实现混响。

单回声滤波器，滤波器的系统函数为

$$H(z)=1+az^{-m},\ |a|<1$$

单重回声滤波器，滤波器的系统函数为

$$H(z)=\frac{1-a^Nz^{-Nm}}{1-az^{-m}},\ |a|<1$$

无限个回声滤波器，滤波器的系统函数为

$$H(z)=\frac{z^{-m}}{1-az^{-m}},\quad |a|<1$$

全通结构的混响器，滤波器的系统函数为

$$H(z)=\frac{a+z^{-m}}{1+az^{-m}},\quad |a|<1$$

4）用设计的混响器对信号进行处理。

5）分析混响信号的频谱，和原信号频谱进行比较。

6）回放混响信号。

四、实验涉及的 MATLAB 函数

1. fft( )：对信号进行谱分析。

2. ifft( )：对信号进行傅里叶反变换。

3. freqz( )：滤波器频率响应。

4. filter( )：IIR 数字滤波器实现滤波。

5. fftfilt( )：FIR 数字滤波器实现滤波。

6. [y,fs,nbits] = wavread(file)：采样值放在向量 $\boldsymbol{y}$ 中，fs 表示采样频率（Hz），nbits 表示采样位数。

y = wavread(file,N)：读取前 N 点的采样值放在向量 $\boldsymbol{y}$ 中。

7. sound(x,fs,bits)：将 x 的数据通过声卡转化为声音。

五、实验要求

1. 认真阅读实验原理，自行查找有关资料，做好实验前的理论和技术准备。

2. 根据实验内容编写有关的 MATLAB 程序。

3. 针对每一项实验内容书写详细的实验报告，对实验的方法、步骤、实验结果、实验数据曲线进行描述和分析。

实验十四　语音加密器的设计

一、实验目的

1. 加深对单边带调制的理解，并能将单边带调制应用到语音加密问题中。
2. 掌握语音加密、解密的原理，并利用 MATLAB 实现。

二、实验原理

1. 语音加密的重要性

多年来通信保密一直是有关部门研究的重要课题，近些年来，随着我国经济水平的提高，通信事业也在不断发展，人们对信息的获得意识越来越强烈。为防止某些通信内容的泄露，语音加密显得日益重要起来。目前用户迫切需要的是一些造价低廉、安装方便，能在一定范围内实现保密的装置。本实验利用单边带调制实现语音加密，可以满足这方面的要求。

2. 语音加密的原理

人们依靠人耳对语音信号的频率分析来理解话音，语音信号的瞬时幅频特性主要决定话音的可懂度，因此，改变其幅频特性，可以获得较低的剩余可懂度，而达到加密效果。倒置话音频谱可改变话音的幅频特性，而且谱宽不变，仍可用原信道传输，只要再将频谱倒置一次，就可恢复原始话音信号。因此，频谱倒置就是实现加密、解密的基本思想。

（1）加密

为了便于理解，设话音信号为双音频信号，其频率分别为 f_1 和 f_2（$f_2>f_1$），相角为零，有

$$f(t)=F_1\cos(\Omega_1 t)+F_2\cos(\Omega_2 t) \tag{14-1}$$

其中，F_1、F_2、Ω_1、Ω_2 分别表示输入信号的幅度和角频率。载波信号为

$$c(t)=E\cos(\Omega_c t) \tag{14-2}$$

进行平衡调幅，其结果为

$$\begin{aligned}y(t)&=f(t)c(t)\\&=\frac{F_1E}{2}[\cos(\Omega_1-\Omega_c)t+\cos(\Omega_1+\Omega_c)t]+\frac{F_2E}{2}[\cos(\Omega_2-\Omega_c)t+\cos(\Omega_2+\Omega_c)t]\end{aligned} \tag{14-3}$$

抑制掉上边带后，成为单边带信号

$$\begin{aligned}y(t)&=\frac{F_1E}{2}\cos(\Omega_1-\Omega_c)t+\frac{F_2E}{2}\cos(\Omega_2-\Omega_c)t\\&=\frac{F_1E}{2}\cos(\Omega_c-\Omega_1)t+\frac{F_2E}{2}\cos(\Omega_c-\Omega_2)t\end{aligned} \tag{14-4}$$

由式（14-4）可见，单边带信号的频率分别为f_c-f_1，f_c-f_2。f_c为载波频率，与原信号频率相比，高低位置已经倒置，如实验图 14-1 所示，从而实现了加密。

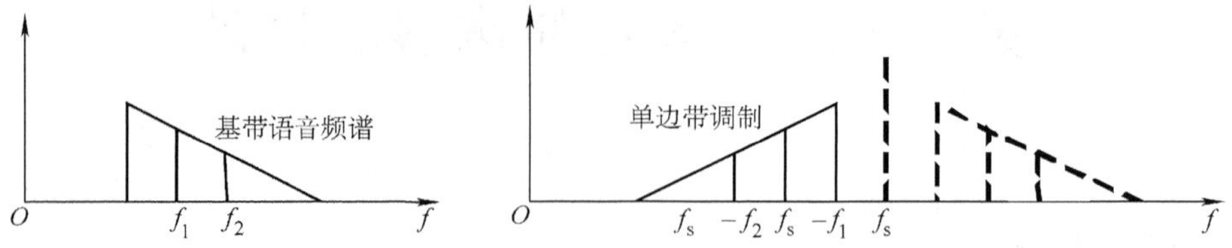

实验图 14-1　单边带调制前、后信号频谱

（2）解密

解密端需要乘以同频同相的载波，然后再通过一低通滤波器，即可完成。

三、实验内容

选择一个语音信号作为分析的对象，或录制一段自己的语音信号，对其进行频谱分析，然后对信号进行加密，得到加密信号的频谱；在接收端对信号进行解密，并将解密信号与原信号进行比较。设计步骤如下：

1）MATLAB 支持送话器，可直接进行声音的录制，获取一路语音信号。

2）对语音信号进行频谱分析，使其频率满足$-\Omega_M<\Omega<\Omega_M$。

3）设计加密器，使加密后的信号频谱为

$$Y(j\Omega)=X[j(\Omega-\Omega_M)],\ \Omega>0$$

$$Y(j\Omega)=X[j(\Omega+\Omega_M)],\ \Omega<0$$

4）回放加密信号，分析信息是否被隐藏。

5）设计解密器，得到解密信号。

6）回放解密信号，与原语音信号进行比较。

要求给出加密、解密系统的框图，并用 MATLAB 实现。

四、实验涉及的 MATLAB 函数

1. fft( )：对信号进行谱分析。

2. ifft( )：对信号进行傅里叶反变换。

3. fir1( )：窗函数法设计 FIR 数字滤波器。

4. fir2( )：频率采样法设计 FIR 数字滤波器。

5. buttord( )：设计巴特沃思型的 IIR 数字滤波器。还有 cheb1ord( )、cheb2ord( )、ellipord( )设计切比雪夫和椭圆型的 IIR 数字滤波器。

6. filter( )：IIR 数字滤波器实现滤波。

7. fftfilt( )：FIR 数字滤波器实现滤波。

8. [y,fs,nbits] = wavread(file)：采样值放在向量 **y** 中，fs 表示采样频率（Hz），nbits 表示采样位数。

y = wavread(file,N)：读取前 N 点的采样值放在向量 $\boldsymbol{y}$ 中。

9. sound(x,fs,bits)：将 x 的数据通过声卡转化为声音。

五、实验要求

1. 认真阅读实验原理，自行查找有关资料，做好实验前的理论和技术准备。
2. 根据实验内容编写有关的 MATLAB 程序。
3. 针对每一项实验内容书写详细的实验报告，对实验的方法、步骤、实验结果、实验数据曲线进行描述和分析。

实验十五　自适应数字陷波器的设计

一、实验目的

1. 加深对滤波器滤波特性的理解，并能将理论应用到实际问题中。
2. 掌握自适应数字陷波器的原理，并利用 MATLAB 实现。

二、实验原理

1. 自适应滤波器的重要性

自适应滤波器是以均方误差最小为准则的最佳滤波器。在滤波过程中，它能自动调整滤波因子，使输出误差达到最小值，从而获得最佳滤波效果。另外，自适应滤波器常采用 LMS 算法，其计算量小，算法简单，尤其适合于对实时性要求较高的场合，因此被广泛应用于语音信号处理、噪声抵消、系统模型识别和医学信号处理等领域。

2. 自适应滤波器的原理

自适应滤波器的一个重要应用就是进行噪声抵消。若信号中包含频率为 ω_0 的正弦波干扰，则由自适应滤波器构成的自适应陷波器可以很好地消除这种干扰。理想的自适应陷波的频率干扰为

$$H(e^{j\omega}) = \begin{cases} 1 & \omega \neq \omega_0 \\ 0 & \omega = \omega_0 \end{cases} \tag{15-1}$$

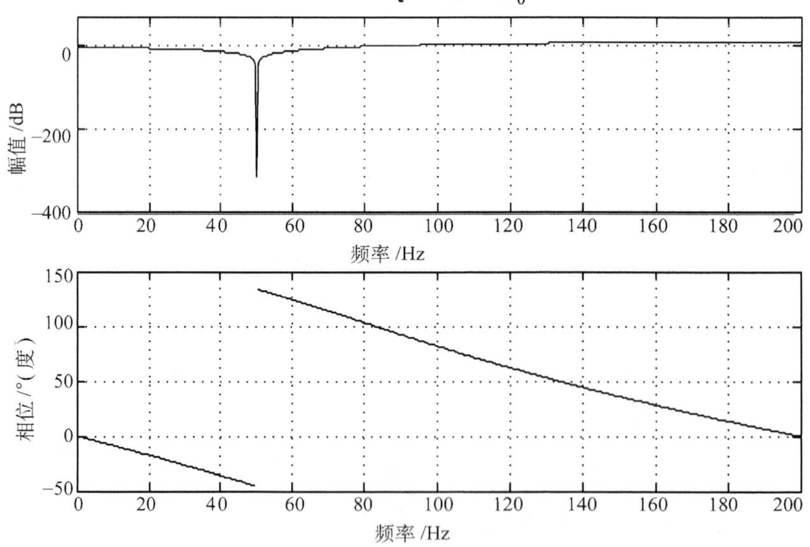

实验图 15-1　自适应陷波器的频率响应

一个理想的陷波器的频率响应，在消除干扰信号的频率点处 $H(\mathrm{e}^{\mathrm{j}\omega})=0$，而在其他频率点处 $H(\mathrm{e}^{\mathrm{j}\omega})=1$，如实验图 15-1 所示。

自适应陷波器有自学习、自适应、自调整的能力，它能依据事先确定的最优准则，通过迭代自适应陷波器的参数以适应变化的噪声环境。自适应滤波系统对于消除 50Hz 的噪声非常方便，其优点是能提供易于控制的带宽、很深的零点，以及能自适应地精确跟踪干扰频率和相位。自适应陷波器的结构如实验图 15-2 所示。

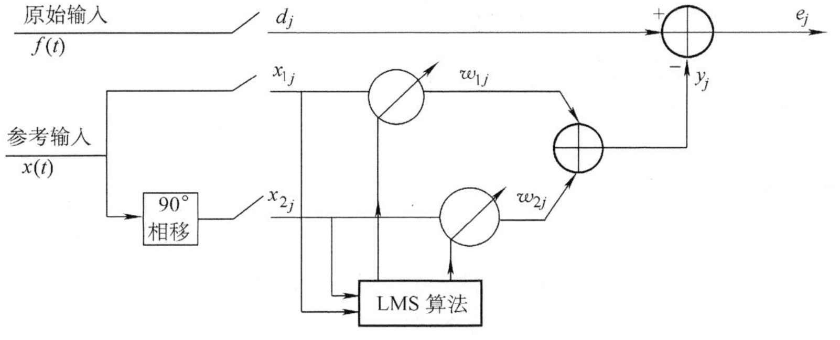

实验图 15-2　自适应陷波器的结构

实验图 15-2 中，原始输入 $f(t)=e(t)+A\cos(\Omega_0 t+\varphi)$；$e(t)$ 为期望信号；$A\cos(\Omega_0 t+\varphi)$ 为干扰信号，经采样后送入 d_j 端；参考输入 $x(t)$ 是一个与干扰信号相关的纯正弦波 $A\cos(\Omega_0 t)$，经采样后送至 x_{1j}、x_{2j} 端，x_{2j} 为参考输入经过一个 90°相移后的采样值，因此 $x_{1j}=\cos(\Omega_0 nT)$，$x_{2j}=\sin(\Omega_0 nT)$；T 为采样间隔，$\omega_0=\Omega_0 T$。其目的是获得 w_{1j}、w_{2j} 两个权值，即两个自由度，从而使组合后的正弦波的振幅和相角都可与原始输入中干扰分量的振幅、相角相同，最后使输出 e_j 中 ω_0 频率的干扰得以抵消，达到陷波目的。若采用 LMS 算法，则权矢量的分量方程如下

$$\begin{cases} w_{1,j+1}=w_{1j}+2\mu e_j x_{1j} \\ w_{2,j+1}=w_{2j}+2\mu e_j x_{2j} \\ e_j=d_j-y_j \\ y_j=\sum\limits_{i=1}^{2} w_{ij}x_{ij} \end{cases} \tag{15-2}$$

式中，μ 是一个控制自适应稳定性和收敛速度的增益常数。当 $0<\mu\lambda_{\max}<1$（$\lambda_{\max}$ 为输入信号自相关矩阵的最大特征值）时，上述算法中权矢量将收敛于一个最佳矢量，并且输出满足最小均方误差。

三、实验内容

设计一个抑制 50Hz 工频干扰的陷波滤波器，并用该滤波器处理一个受工频干扰的信号，比较处理前后的信号波形和频谱。设计步骤如下：

1）编程设计一个自适应陷波滤波器，给出源程序和滤波器的系统函数。

2）编程设计一个受 50Hz 工频干扰的信号，并绘出其波形图和频谱图。

3）编写自适应滤波程序，处理 2）中的信号。

4）调整滤波器参数，分别取 $w_{1j}=w_{2j}=0.1$，$w_{1j}=w_{2j}=0.01$，$w_{1j}=w_{2j}=0.5$，观察滤波

前后的波形和频谱。

四、实验涉及的 MATLAB 函数

1. fft( )：对信号进行谱分析。
2. ifft( )：对信号进行傅里叶反变换。
3. lms(stepsize)：根据步长创建 LMS 算法。
4. filter( )：IIR 数字滤波器实现滤波。
5. fftfilt( )：FIR 数字滤波器实现滤波。

五、实验要求

1. 认真阅读实验原理，自行查找有关资料，做好实验前的理论和技术准备。

2. 根据实验内容编写有关的 MATLAB 程序。

3. 针对每一项实验内容书写详细的实验报告，对实验的方法、步骤、实验结果、实验数据曲线进行描述和分析。

附　　录

附录 A　武汉科技大学 2009 年 7 月“信号与系统”课程设计

1. 课程设计目的

综合运用“信号与系统”课程的理论知识进行信号的频谱分析，结合理论推导得出相应结论，并利用 MATLAB 作为编程工具进行计算机实现，从而复习巩固课堂所学的理论知识，提高对所学知识的综合运用能力，并从实践上初步实现对数字信号的处理。

2. 课程设计时间安排

第一天：教师布置设计任务，讲解设计要求，提示设计要点。

第二天：查阅资料（在图书馆或上网），弄清题目要求，提出解决方案。

第三天至第五天：根据题目要求，将理论推导与编程实现相结合，写出设计报告。

第六天：答辩、验收。

3. 课程设计内容及要求

题目一. FFT 对连续信号进行谱分析

若信号由 20Hz、220Hz 和 750Hz 三个正弦频率成分构成，试用 FFT 计算其频谱并绘出其幅度谱（要求横坐标以 Hz 为单位），验证信号包含的频率成分。

分析：

设 $x(t)=0.25\sin(2\pi\times 20t)+0.5\sin(2\pi\times 220t)+\sin(2\pi\times 750t)$

由于 $x(t)$ 是周期信号，首先要确定该信号的周期，如果截取信号时没有至少一个完整周期的信号，则会发生泄漏现象。

由于 $(2\pi\times 20):(2\pi\times 220):(2\pi\times 750)=2:22:75$

则有信号 $x(t)$ 的周期为 $2\times\dfrac{2\pi}{2\pi\times 20}=0.1\text{s}$

因此，截取信号的持续时间最好为 0.1s 的整数倍。

信号 $x(t)$ 的最高频率为 $F_h=750\text{Hz}$，因此，采样频率或采样间隔需满足

$$f_s\geqslant 2F_h=1500\text{Hz},T\leqslant\frac{1}{2F_h}=0.667\text{ms}$$

取采样频率和采样间隔分别为：$f_s=2000\text{Hz}$，$T=0.5\text{ms}$

DFT 的点长 N 从持续时间中算得

$$N=\frac{t_p}{T}=\frac{0.1\text{s}}{0.5\text{ms}}=200$$

令 $t=nT$，$n=0$，1，2，…，199，代入原信号，得

$$\begin{aligned}x(n)&=0.25\sin(2\pi\times20\times n\times0.5\times0.001)+0.5\sin(2\pi\times220\times n\times0.5\times0.001)\\&\quad+\sin(2\pi\times750\times n\times0.5\times0.001)\\&=0.25\sin(0.02\pi\times n)+0.5\sin(0.22\pi\times n)+\sin(0.75\pi\times n)\end{aligned}$$

利用 FFT 计算 200 点的 DFT。

题目二．FFT 对离散信号进行谱分析

（1）计算序列的 DTFT 和 DFT，观察栅栏效应

设 $x(n)=R_4(n)$，要求用 MATLAB 实现：

1）计算 $x(n)$的傅里叶变换 $X(e^{j\omega})$，并绘出其幅度谱。

2）分别计算 $x(n)$的 4 点 DFT 和 8 点 DFT，并绘出其幅度谱。并说明它们和 $X(e^{j\omega})$的关系。

提示：DFT 变换可用 MATLAB 提供的函数 fft 实现。

（2）计算序列的 FFT，观察频谱泄漏

已知周期为 16 的信号 $x(n)=\cos\left(\frac{10\pi}{16}n\right)+\cos\left(\frac{12\pi}{16}n\right)$。

1）截取一个周期长度 $M=16$ 点，计算其 16 点 FFT 的频谱，并绘出其幅度谱。

2）截取序列长度 $M=10$ 点，计算其 16 点 FFT 的频谱，绘出其幅度谱，并与（1）的结果进行比较，观察频谱泄漏现象，说明产生频谱泄漏的原因。

题目三．线性卷积和循环卷积的比较

设 $x_1(n)$和 $x_2(n)$是两个 4 点序列，$x_1(n)=\{1,2,2,1\}$，$x_2(n)=\{1,-1,1,-1\}$，要求用 MATLAB 实现：

1）计算 $x_1(n)$与 $x_2(n)$的线性卷积。

2）分别计算 $x_1(n)$与 $x_2(n)$的 6、7、8 点循环卷积。

思考：

1）线性卷积与循环卷积的关系。

2）什么条件下，线性卷积与循环卷积相等？

分析：

$x_1(n)$与 $x_2(n)$的 N 点循环卷积定义为

$$y(n)=\left[\sum_{m=0}^{N-1}x_2(m)x_1((n-m))_N\right]R_N(n)$$

循环卷积的实现步骤如下：

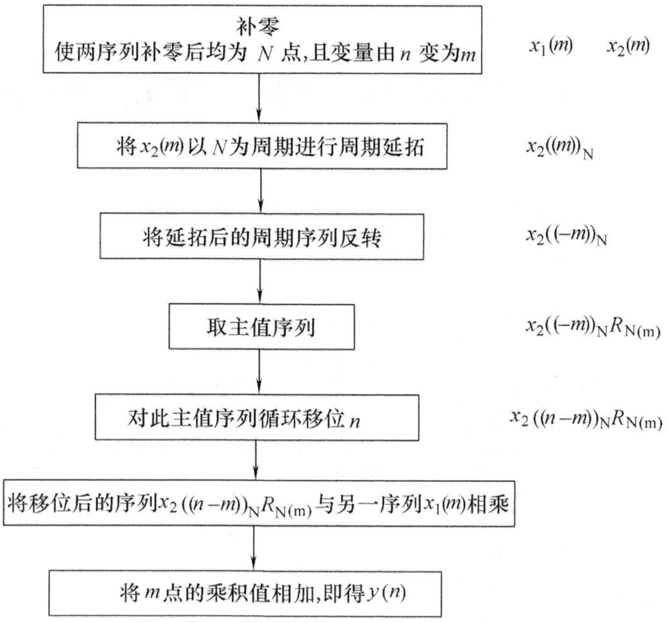

当 $n=0$，1，2，…，$N-1$ 时，分别将 $x_1(m)$ 与 $x_2((n-m))_N R_N(m)$ 相乘，并在 $m=0$ 到 $N-1$ 区间内求和，便得到 $x_1(n)$ 与 $x_2(n)$ 的循环卷积 $y(n)$。

4. 课程设计考核方式

提交课程设计报告。

设计报告内容包括：设计任务、设计要求、详细程序清单、运行结果或性能指标分析等内容。

设计报告及书写内容要求。课程设计任务完成后，每位同学必须独立书写一份课程设计报告。课程设计报告的内容应包括以下 5 个部分。

1）需求分析：包括设计题目、设计要求以及系统功能分析。

2）原理分析和设计：包括理论分析和计算。

3）详细设计：包括算法设计思路以及对应的详细程序清单，并对程序有注释说明。

4）调试分析过程描述：包括测试数据、测试输出结果以及对程序调试过程中存在问题的思考（列出主要问题的出错现象、出错原因、解决方法及效果等）。

5）总结：包括课程设计过程中的学习体会与收获、对本次课程设计的认识等内容。

指导教师负责验收程序的运行结果，并结合学生的工作态度、实际动手能力、创新精神和设计报告等进行综合考评，并按优秀、良好、中等、及格和不及格 5 个等级给出每位同学的课程设计成绩。

附录 B　常用的操作、字符和函数

表 B-1　与命令窗口有关的一些常用操作

命　　令	命令说明	命　　令	命令说明
clc	擦去一页命令窗口,光标回屏幕左上角	fwrite	向一个文件写入二进制数据
clear	从工作空间清除所有变量	fscanf	从文件读取格式化数据
clf	清除图形窗口内容	fprintf	将格式化数据写入文件
who	列出当前工作空间中的变量	fgetl	从文件中读行并放弃换行符
whos	列出当前工作空间中的变量及信息	fgets	从文件中读行并保持换行符
delete <文件名>	从磁盘删除指定文件	ferror	查询文件的输入输出的错误信息
which <文件名>	查找指定文件的路径	feof	检查文件结束标志
clear all	从工作空间清除所有变量和函数	fseek	设置文件位置指针
help <命令名>	查询所列命令的帮助信息	ftell	得到文件位置指针的位置
save name	保存工作空间变量到文件"name. mat"	prewind	反绕一个打开的文件
save name x y	保存工作空间变量 x、y 到文件"name. mat"	tempname	建立临时的文件名
load name	下载"name"文件中的所有变量到工作空间	tempdir	返回一个已存在的临时目录名
load name x y	下载"name"文件中的变量 x、y 到工作空间	quit,exit	退出 MATLAB 环境
diary name1. m	保存工作空间一段文本到文件"name1. m"	startup MATLAB	自启动文件
type name. m	在工作空间查看"name. m"文件内容	matlabrc	启动主程序
what	列出当前目录下的 M 文件和 mat 文件	pack	整理工作空间的内存
lookfor	对 help 信息中的关键词进行查找	cedit	设置命令行编辑与回调的参数
demo	运行 MATLAB 的演示程序	format	设置输出格式
path	设置或查询 MATLAB 的路径	echo	显示文件中的 MATLAB 命令
cd	改变当前的工作目录	more	控制命令窗口的输出页面
dir	列出当前目录的内容	helpbrowser	超文本文档帮助信息
getenv	获得环境参数	helpdesk	超文本文档帮助信息
unix	执行操作系统命令并返回结果	helpwin	打开在线帮助窗
pack	合并工作内存中的碎块	info MATLAB	MathWorks 公司的信息
fopen	打开文件	subscribe	MATLAB 用户注册
fclose	关闭文件	ver	MATLAB 和 TOOLBOX 的版本信息
fread	从文件中读取二进制数据	version	MATLAB 版本
		whatsnew	显示版本新特征
		↑或 Ctrl + p	调用上一次的命令
		↓或 Ctrl + n	调用下一行的命令
		←或 Ctrl + b	退后一格

（续）

命　　令	命 令 说 明	命　　令	命 令 说 明
→或 Ctrl + f	前移一格	Esc 或 Ctrl + u	清除一行
Ctrl + ←Ctrl + r	向右移一个单词	Del 或 Ctrl + d	清除光标后字符
Ctrl + →Ctrl + l	向左移一个单词	Backspace 或 Ctrl + h	清除光标前字符
Home 或 Ctrl + a	光标移到行首	Ctrl + k	清除光标至行尾字
End 或 Ctrl + e	光标移到行尾	Ctrl + c	中断程序运行

表 B-2　特殊变量与常数

变量或常数名	变量或常数说明	变量或常数名	变量或常数说明
ans	计算结果的变量名	nargout	输出参数的数目
computer	确定运行的计算机	pi	圆周率
eps	浮点相对精度	nargoutchk	有效的输出参数数目
inf	无穷大	realmax	最大正浮点数
i 或 j	虚数单位	realmin	最小正浮点数
inputname	输入参数名	varargin	实际输入的参量
NaN	非数	varargout	实际返回的参量
nargin	输入参数个数		

表 B-3　操作符与特殊字符

符　　号	符 号 说 明	符　　号	符 号 说 明
+	加	…	继续
−	减	,	逗号（分割多条命令）
*	矩阵乘法	;	分号（禁止结果显示）
. *	数组乘（对应元素相乘）	%	注释
^	矩阵幂	!	感叹号
. ^	数组幂（各个元素求幂）	'	转置或引用
\	左除或反斜杠	[,]	水平串接
/	右除或斜面杠	[;]	垂直串接
. /	数组除（对应元素除）	( ), { }, .	下标赋值
kron	张量积	subsindex	下标标识
:	冒号	=	赋值
( )	圆括号	==	相等
[ ]	方括号	~ =	不等号
{ }	花括号	<	小于
@	创建函数句柄	>	大于
.	小数点	<=	小于或等于
. .	父目录	>=	大于或等于

（续）

符　号	符号说明	符　号	符号说明
<>	不等于	xor	逻辑异或
&	逻辑与	any	有非零元素则为真
¦	逻辑或	all	所有元素均非零则为真
~	逻辑非		

表 B-4　MATLAB 常用的基本数学函数

函　数　名	功　　能	函　数　名	功　　能
abs(x)	实数的绝对值，复数的模， x 为字符时，返回字符的 ASCII 值	min(x)	向量 $\boldsymbol{x}$ 的元素的最小值
		max(x)	向量 $\boldsymbol{x}$ 的元素的最大值
angle(z)	复数 z 的相角(Phase Angle)	mean(x)	向量 $\boldsymbol{x}$ 的元素的平均值
sqrt(x)	开平方	median(x)	向量 $\boldsymbol{x}$ 的元素的中位数
real(z)	复数 z 的实部	xcorr	求自相关
imag(z)	复数 z 的虚部	corrcoef	求相关系数
complex	建立一个复数	std(x)	向量 $\boldsymbol{x}$ 的元素的标准差
conj(z)	复数 z 的共轭复数	diff(x)	向量 $\boldsymbol{x}$ 的相邻元素的差
round(x)	四舍五入至最近整数	sort(x)	对向量 $\boldsymbol{x}$ 的元素进行排序
fix(x)	朝零方向取整	length(x)	向量 $\boldsymbol{x}$ 的元素个数
floor(x)	朝负无穷大方向取整	norm(x)	向量 $\boldsymbol{x}$ 的欧氏(Euclidean)长度
ceil(x)	朝正无穷大方向取整	sum(x)	向量 $\boldsymbol{x}$ 的元素总和
gcd	最大公因数	prod(x)	向量 $\boldsymbol{x}$ 的元素总乘积
lcm	最小公倍数	cumsum(x)	向量 $\boldsymbol{x}$ 的累计元素总和
lsm	最小二乘法	cumprod(x)	向量 $\boldsymbol{x}$ 的累计元素总乘积
log	自然对数	dot(x,y)	向量 $\boldsymbol{x}$ 和 $\boldsymbol{y}$ 的内积
log2	以 2 为底的对数	cross(x,y)	向量 $\boldsymbol{x}$ 和 $\boldsymbol{y}$ 的外积
log10	常用对数	blkding	从输入参量建立块对角矩阵
nchoosek	二项式系数和全部组合数	eye	单位矩阵
rat(x)	将实数 x 化为分数表示	linespace	产生线性间隔的向量
rats(x)	将实数 x 化为多项分数展开	logspace	产生对数间隔的向量
sign(x)	符号函数(Signum Function)， 当 $x<0$ 时，sign(x) = −1；当 $x=0$ 时， sign(x) = 0；当 $x>0$ 时，sign(x) = 1	numel	元素个数
		ones	产生全为 1 的数组
		zeros	建立一个全 0 矩阵
mod(a,b)	取余	cat	连接数组
rem(a,b)	取余	diag	对角矩阵和矩阵对角线
roots(a)	求向量 $\boldsymbol{a}$ 所表达的多项式的根	fliplr	从左到右翻转矩阵
poly(a)	由根向量 $\boldsymbol{a}$ 求多项式系数， 是 roots(a) 的逆运算	flipud	从上到下翻转矩阵
		repmat	复制一个数组

（续）

函 数 名	功 能	函 数 名	功 能
reshape	改造矩阵	interpn	多维插值
rot90	矩阵翻转 90°	meshgrid	为 3 维点生成 x 和 y 的网格
tril	矩阵的下三角	ndgrid	生成多维函数和插值的数组
triu	矩阵的上三角	pchip	分段 3 次 Hermite 插值多项式
ismember	检测一个集合的元素	ppval	分段多项式的值
intersect	向量的交集	spline	3 次样条数据插值
setxor	向量的异或集	sound	播放向量
setdiff	向量的差集	soundsc	自动标刻并播放
union	向量的并集	waveplay	利用系统音频输出设配播放
cumprod	累积	waverecor	利用系统音频输入设配录音
cumsum	累加	auread	读取音频文件(. au)
cumtrapz	累计梯形法计算数值微分	auwrite	创建音频文件(. au)
factor	质因子	wavread	读取音频文件(. wav)
inpolygon	删除多边形区域内的点	wavwrite	创建音频文件(. wav)
perms	所有可能的转换	limit	求极限
polyarea	多边形区域	int	计算积分
primes	生成质数列表	jacobian	Jacobian 矩阵
rectint	矩形交集区域	symsum	符号序列的求和
sort	按升序排列矩阵元素	trylor	Trylor 级数
sortrows	按升序排列行	det	行列式的值
size	返回矩阵的行数和列数	eig	矩阵特征值和特征向量
trapz	梯形数值积分	expm	矩阵指数
var	方差	inv	矩阵的逆
gradient	数值梯度	jordan	Jordan 分解
cov	协方差矩阵	rref	转换为行阶梯形
corrcoef	相关系数	svd	奇异值分解
polyder	多项式微分	collect	合并同类项
polyeig	多项式的特征根	expand	对指定项展开
polyfit	多项式拟合	factor	进行因式或因子分解
polyint	解析多项式积分	horner	转换成嵌套形式
polyval	多项式求值	numden	提取公因式
polyvalm	矩阵变量多项式求值	simple	运用各种指令化简符号表达式
interp1	一维插值	simplify	恒等式简化
interp2	二维插值	subexpr	运用符号变量置换子表达式
interp3	三维插值	subs	通用置换指令
interpft	使用 FFT 的一维插值	compose	求复函数

（续）

函　数　名	功　　能	函　数　名	功　　能
dsolve	求解符号常微分方程	fsolve	解非线性方程组
finverse	求反函数	lsqnonlin	解非线性最小二乘问题
fminunc	牛顿法求多元函数极值点	solve	求解方程组

表 B-5　MATLAB 绘图函数

函　　数	函 数 说 明	函　　数	函 数 说 明
bar	竖直条图	datetick	数据格式标记
barh	水平条图	grid	加网格线
hist	直方图	gtext	用鼠标将文本放在 2D 图中
histc	直方图计数	legend	图注
hold	保持当前图形	plotyy	左右边都绘 y 轴
loglog	x,y 双对数坐标图	title	标题
pie	饼状图	xlabel	x 轴标签
plot	绘制二维图	ylabel	y 轴标签
polar	极坐标图	zlabel	z 轴标签
semilogy	y 轴对数坐标图	contour	等高线图
semilogx	x 轴对数坐标图	contourc	等高线计算
subplot	绘制子图	contourf	填充的等高线图
bar3	数值 3D 竖条图	hidden	网格线消影
bar3h	水平 3D 条形图	meshc	连接网格/等高线
comet3	3D 慧星图	mesh	具有参考轴的 3D 网格
cylinder	圆柱体	peaks	具有两个变量的采样函数
fill3	填充的 3D 多边形	surf	3D 阴影表面图
plot3	3 维空间绘图	surfc	海浪和等高线的结合
quiver3	3D 振动(速度)图	surfl	具有光照的 3D 阴影表面
slice	体积薄片图	trimesh	三角网格图
sphere	球	zoom	二维图形的变焦放大
stem3	绘制离散表面数据	plotedit	图形编辑工具
trisurf	三角表面	text	在图上标注文字
clabel	增加轮廓标签到等高线图中	texlabel	将字符串转换为 Tex 格式

表 B-6　MATLAB 波形产生函数

函　数　名	功　　能	函　数　名	功　　能
sin/sind	产生正弦信号	exp	指数信号
cos/cosd	产生余弦信号	sinc	产生 sinc 或 $\sin(\pi t)/(\pi t)$ 信号波形
tan/tand	产生正切信号	gauspuls	高斯脉冲
cot/cotd	产生余切信号	pulstran	产生脉冲串
asin/asind	产生反正弦信号	square	产生周期性的方波
acos/acosd	产生反余弦信号	sawtooth	产生周期性的锯齿波
atan/atand	产生反正切信号	rectpuls	产生非周期的矩形波
acot/acotd	产生反余切信号	tripuls	产生非周期的三角波
atan2	四象限反正切	rand(1,N)	产生一个长度为 N,其值在[0,1]之间均匀分布的随机序列
dirac	产生单位冲激信号		
heaviside	产生单位阶跃信号	randn(1,N)	产生一个长度为 N,均值为 0,方差为 1 的高斯型随机序列
chip	产生调频余弦信号		
diric	产生 diricchlet 或周期 sinc 信号		

表 B-7　MATLAB 信号变换函数

函　数　名	功　　能	函　数　名	功　　能
czt	线性调频 z 变换	cceps	复倒谱计算
dct	离散余弦变换	icceps	逆复倒谱计算
dftmtx	离散傅里叶变换矩阵	recps	实倒谱计算与最小相位重构
fft	一维快速傅里叶变换	del2	离散拉普拉斯变换
fft2	二维快速傅里叶变换	cplxpair	将复数值分类为共轭对
fftshift	重新排列快速傅里叶变换(FFT)的输出	ifftshift	反 FFT 偏移
residue	拉普拉斯变换的有理分式表达法和部分分式表达法的相互转换	nextpow2	最靠近的 2 的幂次
		unwrap	校正相位角
residuez	z 变换的有理分式表达法和部分分式表达法的相互转换	fourier	Fourier 变换
		ifourier	Fourier 反变换
hilbert	希尔伯特变换	ilaplace	Laplace 反变换
idct	逆离散余弦变换	iztrans	z 反变换
ifft	一维快速傅里叶反变换	laplace	Laplace 变换
ifft2	二维快速傅里叶反变换	ztrans	z 变换

表 B-8　MATLAB 系统分析函数

函　数　名	功　　能	函　数　名	功　　能
freqs	模拟系统的频率响应	grpdelay	平均滤波延时(群延时)
freqspace	控制频率响应中的频率间隔	impz	数字滤波器的冲激响应
freqz	数字系统的频率响应	unwrap	展开相角
freqzplot	绘出频率响应曲线	zplane	离散系统的零极点图

表 B-9　MATLAB 滤波器实现函数

函　数　名	功　　能	函　数　名	功　　能
conv	求卷积	filtfilt	零相位数字滤波
conv2	求二维卷积	filtic	确定系统的初始条件
deconv	去卷积	latcfilt	应用格型结构滤波
fftfilt	利用重叠相加法基于快速傅里叶变换的 FIR 有限长单位冲激响应滤波	medfilt1	一维中值滤波
		sgolayfilt	Savitzky—Golay 滤波
filter	利用直接型滤波器的 IIR 无限长单位冲激响应或 FIR 滤波	sosfilt	IIR 二阶滤波
		upfirdn	采样率转换
filter2	二维数字滤波		

表 B-10　MATLAR 的 IIR 数字滤波器设计函数

函　数　名	功　　能
标准模拟/数字滤波器设计函数	
butter	巴特沃斯滤波器设计
cheby1	切比雪夫 I 型滤波器设计
cheby2	切比雪夫 II 型滤波器设计
ellip	椭圆滤波器设计
maxflat	广义巴特沃斯低通滤波器设计
prony	时域 IIR 滤波器 Prony 法
stmcb	Steiglitz—McBride 法
yulewalk	递归数字滤波器设计
IIR 滤波器阶数估计	
buttord	巴特沃斯滤波器阶数估计
cheb1ord	切比雪夫 I 型滤波器阶数估计
cheb2ord	切比雪夫 II 型滤波器阶数估计
ellipord	椭圆滤波器阶数估计
模拟原型低通滤波器设计	
besselap	贝塞尔模拟低通滤波器原型
buttap	巴特沃斯模拟低通滤波器原型
cheb1ap	切比雪夫 I 型模拟低通滤波器原型
cheb2ap	切比雪夫 II 型模拟低通滤波器原型
ellipap	椭圆模拟低通滤波器原型
频 率 变 换	
lp2bp	模拟低通滤波器到模拟带通滤波器的转换
lp2bs	模拟低通滤波器到模拟带阻滤波器的转换
lp2hp	模拟低通滤波器到模拟高通滤波器的转换
lp2lp	模拟低通滤波器到模拟低通滤波器的转换
模拟滤波器的离散化	
bilinear	双线性变换
impinvar	冲激响应不变法

表 B-11　MATLAB 的 FIR 数字滤波器设计函数（常用的窗函数）

barlett	巴特利窗	hamming	海明窗
blackman	布莱克曼窗	hann	汉宁窗
boxcar	矩形窗	kaiser	凯瑟窗
chebwin	切比雪夫窗	triang	三角窗

表 B-12　FIR 滤波器设计函数

函　数　名	功　　　能
convmtx	卷积矩阵
cremez	任意响应、具有非线性相位的等波纹 FIR 滤波器设计
fir1	基于窗函数的 FIR 数字滤波器设计——标准响应
fir2	基于窗函数的 FIR 数字滤波器设计——任意响应
fircls	约束最小二乘 FIR 数字滤波器设计——任意响应
fircls1	约束最小二乘 FIR 数字滤波器设计——低通与高通
firls	最小二乘 FIR 数字滤波器设计
firrcos	升余弦 FIR 数字滤波器设计
intfilt	内插 FIR 数字滤波器设计
remez	Parks—McClellan 最优 FIR 数字滤波器设计
remezord	Parks—McClellan 滤波器阶数选择

参 考 文 献

[1] 程耕国．信号与系统：上册[M]．北京：机械工业出版社，2009.

[2] 程耕国．信号与系统：下册[M]．北京：机械工业出版社，2009.

[3] Edward W Kamen，et al. Fundamentals of Signals and Systems Using MATLAB [M]. Prentice-Hall International Inc，1997.

[4] Soliman Samir S，Srinath，Mandyam D. Continuous and Discrete Signals and Systems [M]. 2nded. Prentice-Hall Inc，1998.

[5] B P，Lathi. Signal Processing and Linear System [M]. Berkeley-Cambridge Press，1998.

[6] Taan S Elali，Mohammad A Karim. Continuous Signals and Systems with MATLAB [M]. CRC Press，2001.

[7] 朱钟霖，周宝珀．信号与线性系统分析[M]．2 版．北京：中国铁道出版社，1996.

[8] 姜建国，曹建中．信号与系统分析基础[M]．北京：清华大学出版社，1997.

[9] A V Oppenheim. Signals and Systems 影印本[M]．2 版．北京：清华大学出版社，1998.

[10] John R Buck，Michael M Daniel，Andrew C Singer. 信号与系统计算机练习——利用 MATLAB [M]．刘树棠，译．西安：西安交通大学出版社，2000.

[11] 恩格尔，普罗克斯．数字信号处理——使用 MATLAB [M]．刘树棠，译．西安：西安交通大学出版社，2002.

[12] 吴大正．信号与线性系统分析[M]．3 版．北京：高等教育出版社，2000.

[13] Ashok Ambardar. 信号、系统与信号处理[M]．冯博琴，等译．北京：机械工业出版社，2001.

[14] Hwei P Hsu. 信号与系统[M]．骆丽，胡健，等译．北京：科学出版社，2002.

[15] A V 奥本海姆．信号与系统[M]．2 版．刘树棠，译．西安：西安交通大学出版社，1998.

[16] 管致中，夏恭恪．信号与系统[M]．3 版．北京：高等教育出版社，1992.

[17] 陈生潭，郭宝龙，李学武，等．信号与系统[M]．西安：西安电子科技大学出版社，2001.

[18] 吴湘淇．信号、系统与信号处理[M]．北京：电子工业出版社，1996.

[19] 阎鸿森，王新凤，田惠生．信号与线性系统[M]．西安：西安交通大学出版社，1999.

[20] W D 斯坦利．数字信号处理[M]．常迥，译．北京：科学出版社，1979.

[21] 孙仲康．快速傅里叶变换及其应用[M]．北京：人民邮电出版社，1982.

[22] 杨述斌，李永全．数字信号处理实践教程[M]．武汉：华中科技大学出版社，2007.

[23] 赵知劲，刘顺兰．数字信号处理实验[M]．杭州：浙江大学出版社，2007.

[24] 甘俊英，胡异丁．基于 MATLAB 的信号与系统实验指导[M]．北京：清华大学出版社，2007.

[25] 谷源涛，应启珩，郑君里．信号与系统——MATLAB 综合实验[M]．北京：高等教育出版社，2008.

[26] 党宏社．信号与系统实验（MATLAB 版）[M]．西安：西安电子科技大学出版社，2007.

[27] 刘舒帆，费诺，陆辉．数字信号处理实验（MATLAB 版）[M]．西安：西安电子科技大学出版社，2008.

[28] 郑君里，应启珩，等．信号与系统[M]．2 版．北京：高等教育出版社，2000.